邢台市天气预报手册

本书编写组　编著

气象出版社
China Meteorological Press

内 容 简 介

本书以提高天气预报人员业务技能和天气预报准确率为目标,是邢台市天气预报工作者多年来对邢台市天气预报有关技术与经验的总结。全书共分8章,内容包括邢台市自然地理概况和气候特征,各类灾害天气时空分布特征、天气特征分型、预报指标、典型个例和预报技术及流程等。

本书可供从事天气分析预报的气象、水文、航空、交通、环境、海洋等工作人员参考,也可供相关行业的科研人员和大、中专院校师生参考,还可作为广大公众了解气象基本知识、普及气象防灾减灾基本手段的科技读本。

图书在版编目(CIP)数据

邢台市天气预报手册/《邢台市天气预报手册》编写组编
著.—北京:气象出版社,2018.8
　ISBN 978-7-5029-6226-5

　Ⅰ.①邢… Ⅱ.①邢… Ⅲ.①天气预报-邢台-手册
Ⅳ.①P45-62

　中国版本图书馆CIP数据核字(2018)第206363号

邢台市天气预报手册
本书编写组　编著

出版发行:气象出版社
地　　址:北京市海淀区中关村南大街46号　　　　邮政编码:100081
电　　话:010-68407112(总编室)　　010-68408042(发行部)
网　　址:http://www.qxcbs.com　　　**E-mail**:　qxcbs@cma.gov.cn
责任编辑:陈凤贵　　　　　　　　　　终　　审:吴晓鹏
封面设计:博雅思企划　　　　　　　　**责任技编**:赵相宁
责任校对:王丽梅
印　　刷:北京建宏印刷有限公司
开　　本:787 mm×1092 mm　1/16　　　　印　　张:7.5
字　　数:197千字
版　　次:2018年8月第1版　　　　　　　印　　次:2018年8月第1次印刷
定　　价:58.00元

本书如存在文字不清、漏印以及缺页、倒页、脱页等,请与本社发行部联系调换。

《邢台市天气预报手册》编写组

主　编　杨永胜

副主编　王丛梅

编　委（按姓氏笔画排列）

王晓娟　王维宸　刘　瑾　许新路　李永占

李芷霞　张建波　陈子健

前　言

　　邢台市地处河北省南部、太行山脉南段东麓、华北平原西部边缘，地形复杂，自西而东山地、丘陵、平原阶梯排列。邢台市属温带大陆性季风气候，年平均降水量 485.5 mm，雨量集中，分布不均，其中 5—10 月降水量 430.2 mm，占全年降水量的 88.6％。暴雨（雪）、雷暴、冰雹等灾害性天气时有发生，并衍生洪涝、中、小河流洪水，以及滑坡、崩塌、泥石流等地质灾害，对全市人民生命财产安全、经济建设、工农业生产、生态环境和公共卫生安全等影响严重。

　　为了满足不断增长的气象服务需求，提高新、老预报员对邢台市天气、气候的认识，帮助预报员建立预报思路，我们立足于邢台市本地发生的各类天气过程，把握灾害天气过程的特点，在老一代预报员总结的 1992 年《邢台市气象台短期预报规则》的基础上，整理了近 10 年来的预报经验和最新的研究成果，并征求了省内外部分专家的意见，经过反复修改，完成了《邢台市天气预报手册》（以下简称《手册》）的编写。

　　《手册》在河北省气象局副局长赵黎明、邢台市气象局局长郭艳岭指导下，由邢台市气象局副局长杨永胜组织编写。其中，第 1 章自然地理概况和气候特征由王丛梅编写，第 2 章暴雨由李芷霞编写，第 3 章暴雪、第 7 章大雾和霾由李永占编写、第 4 章大风由王晓娟编写、第 5 章强对流天气由王丛梅、王维宸和王晓娟编写，第 6 章寒潮由张建波编写，第 8 章温度预报由陈子健编写。王丛梅、许新路和刘瑾负责全书修改和统稿。

　　中国气象局气象干部培训学院俞小鼎教授、国家级首席预报员张迎新和李江波、河北省气象局陈小雷、王宗敏、王丽荣、景华、李云川和石家庄市气象局李国翠等预报专家认真审阅了书稿并提出了修改意见，在此表示衷心感谢！

　　由于作者水平有限，《手册》中难免存在一些问题和不足，希望专家同仁们提出宝贵意见和建议。

《邢台市天气预报手册》编写组

2018 年 5 月

目　录

第1章 自然地理概况和气候特征

1.1 地理位置

邢台市地处河北省南部，太行山脉南段东麓，华北平原西部边缘，位于 $36°50'\sim37°47'N$，$113°52'\sim115°49'E$，东以卫运河为界与山东省相望，西依太行山与山西省毗邻，南与邯郸市相连，北分别与石家庄市、衡水市接壤。辖区东西最长处约 185 km，南北最宽处约 80 km，总面积 1.24 万 km²。邢台市西邻山西省，东接沿海，北联京津，南通中原，距北京、天津两个直辖市和石家庄市、太原市、济南市、郑州市四个省会城市均在 400 km 以内[1]。

邢台市下辖 2 个区（桥东区、桥西区）、2 个县级市（沙河市、南宫市）和 15 个县（新河县、清河县、宁晋县、内丘县、广宗县、邢台县、任县、临西县、隆尧县、柏乡县、威县、临城县、平乡县、南和县、巨鹿县），另外，还设有邢台市经济开发区、大曹庄管理区和七里河新区。全市共有 191 个乡（镇）、19 个街道办事处，其中建制镇 75 个、有 335 个居民委员会、5190 个村民委员会。全市总人口 726 万，市区人口 92.5 万。

1.2 地形、地貌特征

邢台市地处太行山脉和华北平原交汇处，自西而东，山地、丘陵、平原阶梯排列，三者比例 2∶1∶7，以平原为主（图 1.1）。西部的山区和山前丘陵区位于太行山东麓，海拔在 100～1000 m，主要山峰有十字格梁、吉道山、紫金山、凌霄山、老爷山、奶奶顶、仙翁山等，最

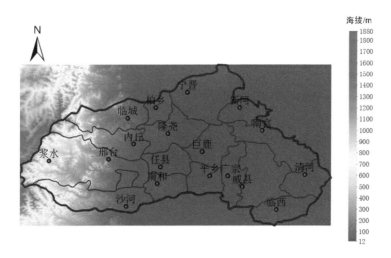

图 1.1　邢台市地形海拔图

高山峰不老青山海拔为 1822 m。中部、东部为河北平原的一部分，中部以山前冲积平原为主，东部则为子牙河和古黄河系冲积平原，海拔在 100 m 以下。平原区缓岗、自然堤、废河道随处可见，洼地较多，平乡、威县、巨鹿、广宗、临西、清河、新河、南宫东部八县属黑龙港流域，地势低洼平坦，有宁晋泊、大陆泽两大洼地，最低海拔仅 20 m。

1.3 河流、水库分布特征

邢台市位于海河流域，有子牙河、黑龙港和南运河三大水系，全市共有河道 21 条，其中行洪河道 16 条（滏阳河以西）、排沥河道 5 条（在黑龙港地区），堤防总长约 1100 km（图 1.2）。特点是数量多、总长度大、源短流急、上宽下窄，尾闾不畅、堤防失修、河床淤积严重，行洪排沥标准比较低。河道按级别划分，属二级河的 1 条（卫运河），属三级河的 3 条（漳河、滏阳河、滏阳新河），其余 17 条河流属四级河。在这些河流中，属于滏阳河流域的有 15 条。邢台市的重点防汛河道有澧河、汦河、七里河、北沙河、卫运河五条，澧河上游建有朱庄水库，下游河道逐段为大沙河、南澧河、北澧河，在邢台市防汛工作中占有极其重要的地位。汦河上游有临城水库，进入平原后河道狭窄，洪水极易决堤。七里河流经邢台市郊区，对市区威胁很大，由于在大贤村桥处突然收窄，造成 2016 年 7 月 20 日早晨开发区洪灾。北沙河坡陡流急，历次洪水都决堤成灾。卫运河不仅是关系河北省、山东省两省的一级堤防，同时上游流域面积大，洪水峰高量大，危害严重。

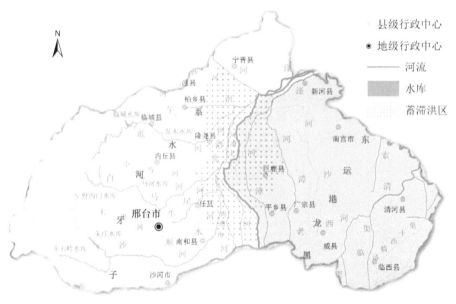

图 1.2 邢台市河流水系

邢台市共有水库 49 座，其中大型两座为朱庄水库和临城水库，中型水库 4 座，为东石岭水库、野沟门水库、马河水库、乱木水库，小（Ⅰ）型水库 7 座，小（Ⅱ）型水库 36 座，总库容为 79529 万 m^3，控制流域面积为 5310 km^2。朱庄水库位于沙河市孔庄乡朱庄村附近，是海河流域子牙河系滏阳河支流沙河上的大（Ⅱ）型水利枢纽工程，库容为 4.162 亿 m^3，控制流域面积 1220 km^2，汛限水位 239 m，相应库容 1.48 亿 m^3，拦洪库容 2.33 亿 m^3，设有六孔弧形钢闸门，最大泄水 12300 m³/s。临城水库是位于子牙河系溁阳河支流的泜河中游的大（Ⅱ）型水库，库容为 1.713 亿 m³，控制流域面积 384 km²，汛限水位 120 m，相应库容 0.383 亿 m³，拦洪库容 1.592 亿 m³，第一溢洪道堰最大泄水量为 3060 m³/s，第二溢洪道堰最大泄水 1660 m³/s，第三溢洪道堰最大泄水 936 m³/s。东石岭水库位于大沙河上游、沙河市东石岭村西，库容 7230 万 m³，控制流域面积 169 km²。野沟门水库位于邢台县西部山区的野沟门村南，库容 5040 万 m³，控制流域面积 518 km²。马河水库位于内丘县中部小马河上游，库容 2609 万 m³，控制流域面积 94 km²。乱木水库位于临城县西竖乡泜河南支赛里川下游、乱木村南，库容 1410 万 m³，控制流域面积 46 km²。

1.4　气候特征

邢台属温带大陆性季风气候，四季分明，寒暑悬殊，春旱风大，夏热多雨，秋凉时短，冬寒少雪。根据 1981—2010 年 30 年整编资料显示，年平均气温为 13.3 ℃，最冷月平均气温为－2.7 ℃（1 月），最热月平均气温为 27.0 ℃（7 月），历年极端最高气温为 44.4 ℃（沙河市），极端最低气温为－24.9 ℃（柏乡）。降水量集中，分布不均，年平均降水量为 485.5 mm，其中 5—10 月降水量为 430.2 mm，占全年降水量的为 88.6%。年平均相对湿度为 65.7%。无霜期长，年平均无霜期为 293 d。全年日照时数为 2379.8 h，占年可照总时数的 53%，年平均风速为 2.2 m/s，最多风向为南风和静风。年平均蒸发量为 1822.5 mm。年雷暴日数为 24.6 d。灾害性天气时有发生，并衍生洪涝、病虫害等灾害，对邢台市人民生命财产安全、经济建设、工农业生产、水资源、生态环境和公共卫生安全等影响严重。

邢台市常出现的主要灾害性天气有干旱、暴雨、冰雹、雷暴、高温、大风、大雾、霾、寒潮、连阴雨、干热风、沙尘等。暴雨、雷暴、冰雹等多出现在 5—9 月；干热风出现在 5 月中、下旬到 6 月上旬；沙尘天气易出现在 3—4 月；连阴雨多出现在春、秋季；寒潮只出现在 11 月至次年 4 月；大风、大雾和霾、干旱常年均可能出现。

表 1.1 中气候极值来源于国家气象站建站以来的数据，其中冰雹直径来源于 1980—2011年月报表数据。区域气象自动站小时降水量极值为 138.5 mm（南大郭 2016 年 7 月 19 日 23时），水文站内丘獐獏 1963 年 8 月 3—9 日降水量为 2051 mm，为中国大陆连续 7 d 降水极值。

表 1.1　国家气象站气候极值

	邢台市区	邢台市全区
最高气温（℃）	42.4（2009 年 6 月 25 日）	44.4（沙河市 2009 年 6 月 25 日）
最低气温（℃）	－22.4（1958 年 1 月 16 日）	－24.9（柏乡县 1972 年 1 月 26 日）
年降水量（mm）	1266.2（1963 年）	1396.7（沙河市 1963 年）
月降水量（mm）	817.2（1963 年）	1291.3（浆水 1963 年）
日降水量（mm）	304.3（1963 年 8 月 4 日）	395.4（沙河市 1963 年 8 月 4 日）
小时降水量（mm）	93.2（2007 年 7 月 18 日 15 时）	96.6（沙河市 2012 年 7 月 26 日 14 时）
风速（m/s）	31.1（2016 年 7 月 28 日）	34.0（内丘县 2012 年 7 月 26 日）

	邢台市区	邢台市全区
连阴雨日数（d）	16（1996 年 7 月 26 日—8 月 10 日）	21（内丘县 1977 年 7 月 25 日—8 月 14 日）
降雪量（mm）	36.1（2009 年 11 月 11 日）	36.1（邢台县 2009 年 11 月 11 日）
积雪深度（cm）	38（2009 年 11 月 12 日）	38（邢台县 2009 年 11 月 12 日）
冰雹直径（mm）	30（2005 年 5 月 10 日）	70（巨鹿县 2004 年 6 月 24 日）
0 cm 最高地温（℃）	73.5（2010 年 7 月 6 日）	73.5（邢台县 2010 年 7 月 6 日）
0 cm 最低地温（℃）	−28.3（1971 年 12 月 28 日）	−28.7（内丘县 1972 年 1 月 28 日）
冻土深度（cm）	46（1984 年 2 月 10 日）	58（隆尧县 1985 年 1 月 3 日）

第 2 章 暴雨

邢台市地处河北省南部，是我国著名的致灾暴雨中心之一。著名的"63·8"特大暴雨的最大降水中心就在邢台市西部山区的浆水站，2—8 日总降水量达到 1110.8 mm；水文站最大降水量点位于内丘县的獐獏乡，7 d 总降水量为 2051 mm，单日降水量最大为 950 mm；洪水灾害危及 4726 个村庄，房屋倒塌 2753 万间，827 万亩*（全区有 85％的耕地）农田被淹，死亡 1635 人，造成直接经济损失 10.8 亿元。1996 年 8 月 3—5 日的特大暴雨过程，暴雨中心位于邢台县的野沟门水库，3 d 降水量达到 616 mm；灾情涉及 11 个县市、102 个乡镇、1902 个村庄，受灾人口 193.4 万，死亡 94 人；造成桥梁被毁，农田被淹，房屋倒塌，交通、通信、电力中断等，据不完全统计，直接经济损失达 107.47 亿元[2]。

2.1　时空分布特征

以日（20 时至次日 20 时）降水量≥50 mm 为 1 个暴雨日标准，对全市暴雨日数进行了统计。从各县（市）近 30 年（1981—2010 年）暴雨总次数分布可以看到（图 2.1），邢台市暴雨中心主要位于邢台市东南部的临西县和中部的巨鹿县，邢台市北部地区暴雨日数较少。邢台市年平均暴雨日数为 1.5 d；全市年平均暴雨日数最多的是临西县，为 1.9 d；年平均暴雨日数最少的是宁晋县，为 1.1 d。

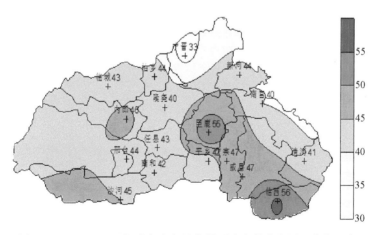

图 2.1　1981—2010 年邢台市各县市暴雨总次数分布图（单位：次）

从暴雨的月分布看，发生暴雨的月份为 4—10 月，主要集中在 7—8 月，两个月的暴雨日数占总数的 77.1％，且多出现在 7 月下旬到 8 月上旬；9 月开始，暴雨明显减少。

---

* 1 亩＝666.667 m²，下同。

从各县、市日暴雨极值分布来看（图 2.2），邢台市的东南部容易出现大暴雨。近 30 年邢台市暴雨极值出现在威县，1993 年 8 月 4 日 24 h 降水量达 302.6 mm。

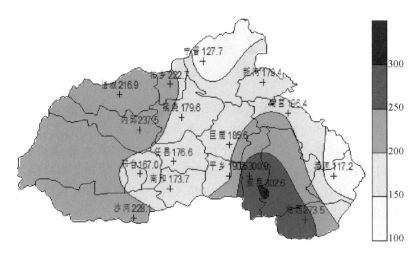

图 2.2　1981—2010 年邢台市各县、市日暴雨极值分布（单位：mm）

2.2　影响系统分型及预报指标

影响邢台的暴雨天气系统主要为低槽冷锋类、低涡类、暖切变类、台风类、气旋类五种，其中低涡类暴雨主要有三类：西北涡、西南涡和东北冷涡，台风类可分为台风直接影响和台风低压倒槽影响两类。邢台市历史上几次著名的暴雨灾害分别是"63·8""96·8""00·7""16·7"[①] 等，主要影响系统分别是西南涡、台风低压、西北涡和黄淮气旋。

2.2.1　低槽冷锋类

形势特征：产生降水的低槽位于 100°～110°E，高压脊稳定在 120°～140°E 时，形成明显的下游阻挡形势。使上游低槽移速变慢或趋于停滞。也有中、高纬度高压脊与日本列岛附近的高压脊叠加，从而进一步加强下游高压的稳定，形成东高西低的环流形势，有利于暴雨产生。影响系统主要是低槽，大多数都伴有冷锋。锋区大多位于 40°～45°N，低槽从巴尔喀什湖东移，经北疆、河西走廊、河套地区逐渐发展东移，到达华北。与此同时，西太平洋副热带高压（以下简称副热带高压）西进后稳定，中心位于日本到日本海一带，常常阻挡低槽东移，使其移速变慢或趋于停滞，同时使锋区斜压性加强，并在副热带高压西侧形成或建立西南低空急流，向华北输送充沛的水汽和增强降水区的动力作用，有利于暴雨的产生和发展[3]。例如2003 年 7 月 27 日的暴雨过程是比较典型的低槽冷锋类暴雨过程，天气形势如图 2.3 所示。

---

① "63·8"指 1963 年 8 月 2—9 日的暴雨过程；"96·8"指 1996 年 8 月 3—5 日的暴雨过程；"00·7"指 2000 年 7 月 4—6 日的暴雨过程；"16·7"指 2016 年 7 月 19—20 日的暴雨过程。

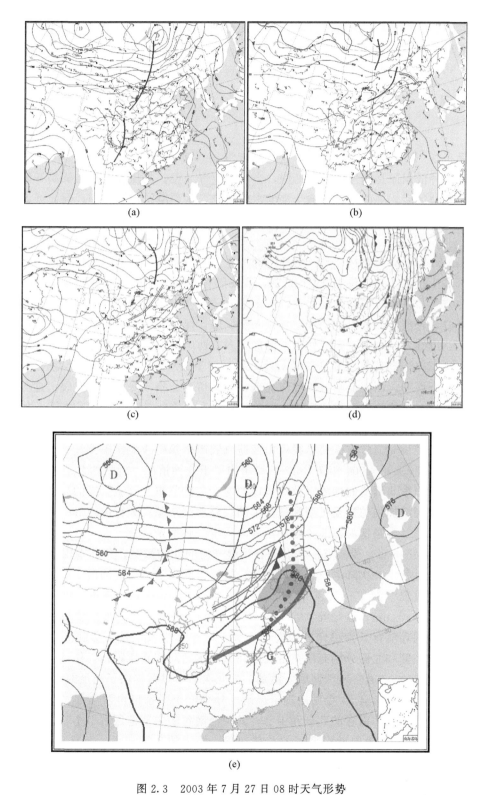

图 2.3 2003 年 7 月 27 日 08 时天气形势

(a) 500 hPa; (b) 700 hPa; (c) 850 hPa; (d) 地面; (e) 综合形势（500 hPa 高度场，
500 hPa 低压槽、冷温槽，850 hPa 切变线、湿区、暖脊、低空急流，地面冷锋、暴雨区）

预报指标：700 hPa 在 30°～45°N、100°～115°E 有低压槽其长度≥5 个纬距；500 hPa 有对应槽；850 hPa 图上在河套有槽或辐合区；地面图在河套地区有 NE—SW 向冷锋；槽后有 ≤−2 ℃的负变温区；1/3 的个例 700 hPa 或 850 hPa 在 25°～35°N，105°～115°E 有≥12 m/s 的偏南风；850 hPa 比湿≥10 g/kg，中低层垂直速度≤−60×10⁻² Pa/s。

2.2.2　低涡类

2.2.2.1　西北涡

西北涡是指 700 hPa 上，在柴达木盆地到青海湖一带（34°～38°N，99°～105°E）发展东移的低涡。这种低涡原是暖性的地形低涡，当有冷空气入侵，斜压性加强，低涡开始东移，当低涡进入甘陕地区后，受西南气流输送来的水汽影响，水汽凝结反馈作用，促使低涡进一步发展加强。并沿其前部暖切变线东移，呈"人"字型切变线，暴雨主要产生在低涡前部和暖切变线上。

西北涡的环流形势主要特征是：贝加尔湖地区为一阻塞高压，巴尔喀什湖地区维持一个深槽。副热带高压较强，脊线位于 25°～30°N，且控制长江下游地区。亚洲中纬度地区为平直西风气流，冷空气多以短波槽影响河北省。青藏高原北部有低压环流存在，巴尔喀什湖低槽前的新疆有一弱脊，脊前西北气流推动冷空气侵入热低压，促使低压发展东移，在沿其前部暖切变东移过程中，继续发展加强。在暖切变的南部，多有西南低空急流发展北上，对应地面有气旋波动生成。当副热带高压脊线位于 30°N 时，最有利于暖切变的形成。华北高压脊东撤的同时，副热带高压西伸，西南低空急流加强北上，使暖切变北抬，暴雨得发展。这类暴雨一般是出现在 500 hPa 槽前位势不稳定区内、700 hPa 湿舌的前部、850 hPa 低空急流左前方的暖切变线附近、低涡的东南象限。当太行山东侧处于低空低涡后部偏东气流影响，且在边界层偏东风风速随高度减小时，常在铁路沿线和山区迎风坡产生暴雨或大暴雨天气。2000 年 7 月 4—6 日暴雨过程（图 2.4）、2004 年 7 月 12 日暴雨均属于这种情况。低涡西北象限产生的局地暴雨预报关键是把握东北气流的性质以及局地地形配合。低层东北气流带来的是暖湿气流，这是低涡后部不稳定层结加强的重要机制和强降水的主要水汽来源；太行山地形的阻挡作用造成辐合抬升运动加强，二者是低涡西北象限局地暴雨产生的必要条件。

2000 年 7 月 4—6 日，受东移的西北涡和暖湿气流的共同影响，华北南部出现了一次大范围的大暴雨天气过程。此次降雨过程强度之大、持续时间之长为历史同期所罕见。特别是河北省，在整个降雨过程中，有 75 个县市降水量达到 50 mm，其中石家庄市、邢台市、邯郸市有 20 个县、市超过 250 mm。这是继"96·8"大暴雨后华北地区又一次连续的大暴雨过程。产生此次暴雨过程的环流背景为稳定的经向环流型，主要影响系统是东移到河套地区稳定的低涡。由于低涡的东侧和北侧分别有副热带高压和贝加尔湖阻塞高压阻挡，使低涡稳定少动。西北太平洋洋面上有 0003 号台风"鸿雁"活动，为此次暴雨过程提供了充足的水汽条件。7 月 3 日 08 时到 7 月 4 日 08 时有 21 个站出现了暴雨，分别位于张家口市西北部、北京地区、石家庄市和邯郸市的西部、河南省的北部和中部，其中河南省的中部地区有 7 个站下了大暴雨或特大暴雨。到 5 日 08 时，随着低涡系统的东移加强，暴雨的范围加大，河北省的大部分地区、河南省北部、山东省西北部降了暴雨，燕山南麓与太行山东麓均出现了 100 mm 以上的大暴雨。到 6 日 08 时，伴随着低涡的南压，暴雨区也明显南撤，暴雨区范围缩小，位于河北南部、河南北部，强降雨中心主要位于太行山区及其东麓地区。7 日 08 时，低涡继续减弱南压，华北地区大范围的暴雨过程结束。此次降雨过程具有降雨时段集中、强度大的特点。河北省境内

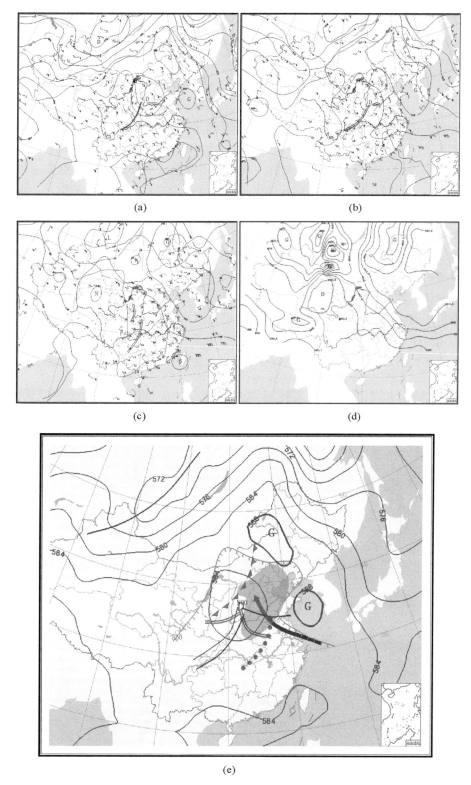

(a)　　　　　　　　　　　　　　　　　　　　　(b)

(c)　　　　　　　　　　　　　　　　　　　　　(d)

(e)

图 2.4　2000 年 7 月 5 日天气形势

(a) 500 hPa；(b) 700 hPa；(c) 850 hPa；(d) 地面；(e) 综合形势（500 hPa 高度场，
500 hPa 低压槽、冷温槽，850 hPa 切变线、湿区、暖脊、低空急流，地面暴雨区）

的主要降雨集中在两个时段，一是 4 日下午到夜间，邯郸市的成安 18—21 时 3 h 降水量达 106 mm，二是 5 日夜间，这一段降雨主要集中在太行山东麓，石家庄市 6 h 降水量为 106 mm。

利用日本 GMS-5 卫星每 3 h 一次的红外云图（图 2.5），分析暴雨期对流云团的活动情况。从 7 月 3—6 日的整个降水过程来看，河套西部有涡旋云系发展东移。4 日涡旋中心到达山西北部时，涡旋云系的北部有东西带状的斜压叶状云系发展，而南部则不断有较强的对流云团生成并沿西南气流北上到达河北中南部。对流云团日变化明显，主要生成于下午和夜晚，且主要生成在河南省境内，而后向东北方向移动并随涡旋旋转，到达河北中南部停留，随后逐渐减弱消散。4 日 14 时之前，涡旋云系主要是由一条南北带状的云系构成，云顶温度一般在 −50～ −40 ℃。17 时，北部的带状云系减弱，河南省境内有 3 个中尺度对流云团生成，水平尺度在 100 km 左右，近于南北向排列。5 日 02 时，云团合并为 2 个，云顶温度在 −50 ℃ 以下，一个在河北南部，一个在山东西部。位于河北南部的云团，范围较小，在 100 km 左右；而位于山东西部的云团，范围稍大一些，在 200 km 左右。5 日 08 时，原河北省南部的云团减弱消散，原山东省西部的云团向西北移入河北，但强度已有所减弱。5 日 14 时，河南省的北部和南部分别有尺度为几十千米的小块对流云团生成，并北上加强。6 日 05 时，南北排列有两个暴雨云团，一块位于石家庄市、保定市一带 100 km 的范围内，另一块在冀豫交界处 200 km 左右的范围内。从云团的发展演变来看，这次暴雨过程主要有两类云系，一个是河北北部东西带状的云系，影响燕山西部地区的降雨，一个是不断北上的中尺度对流云团发展加强影响的南部的

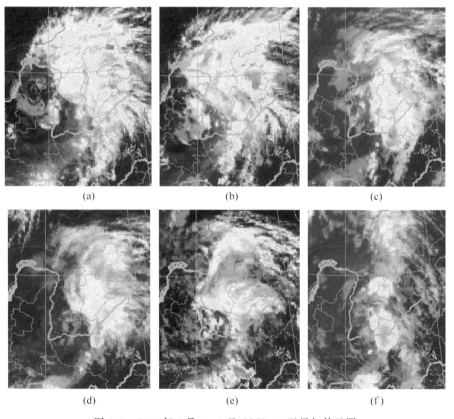

(a)　　　　　　　　　　　(b)　　　　　　　　　　　(c)

(d)　　　　　　　　　　　(e)　　　　　　　　　　　(f)

图 2.5　2000 年 7 月 4—6 日 GMS−5 卫星红外云图

(a) 4 日 14 时；(b) 4 日 17 时；(c) 5 日 02 时；(d) 5 日 08 时；(e) 5 日 14 时；(f) 6 日 05 时

降雨云系。南部的对流云团主要有两次合并生消的过程，一次是在 4 日的下午到夜间，一次是在 5 日的下午到夜间，造成华北南部连续性的暴雨天气。

2.2.2.2　西南涡

西南涡是指 700 hPa，在四川西部 27°～33°N、99°～100°E 形成、发展向偏东或东北方向移动的低涡。

西南低涡的环流特征：副热带高压位置偏东，其西侧脊线在 35°N 以南，华南到华中地区为西南偏西气流。华北到四川盆地一带为东北—西南向的低槽，在此低槽的西北部河套附近有小高压（脊），在低槽尾部的川西地区有低涡。当低槽尾部弱冷空气入川以后，诱发低涡发展东移，移出四川盆地。与此同时，河套小高压（脊）与副热带高压合并，西南气流增强，从四川移出的低涡，沿西南气流北上影响河北省。1963 年 8 月 4—9 日和 2010 年 7 月 19 日（图 2.6）都属于西南涡暴雨过程。

预报规则：500 hPa 西风带槽位于 30°～40°N、100°～110°E，长度≥8 个纬距；700 hPa 在 30°～35°N、100°～110°E 有低涡或低值环流，在涡的北部、120°E 以西有西风带低槽东移，太原—银川间有反气旋环流，副热带高压为东北—西南向，脊线在 25°～30°N，316 dagpm 线与 125°E 交点在 27°N 以北，低涡东侧西南急流北伸到河南省北部和河北省南部。

2.2.2.3　东北冷涡（或北涡南槽）

影响河北省暴雨的高空冷涡，一般是指蒙古东部和中国内蒙古自治区上空的高空冷涡，这种冷涡存在时，俄罗斯滨海地区和贝加尔湖西部，均为稳定高压脊控制，冷涡移动缓慢或停滞少动。500 hPa 上常有小槽或横切变（常有温度槽配合）南摆。地面上则有副冷锋（或飑线）东南移。同时低层是暖湿的东南气流，风速有时可达低空急流的程度。另外，还有西南气流存在，这两支气流在河北省形成低空辐合。在 500 hPa 上是西来的干冷空气，与低层暖湿空气相叠加而形成高空冷涡东南部的位势不稳定区，在地面副冷锋的触发下而产生强对流天气，造成局部短时暴雨天气。

这类高空冷涡的暴雨预报，只要当高空冷涡存在时，关键在于不稳定度的分析。其暴雨落区多位于高空冷涡的东南部或东部。2000 年 7 月 27 日、2009 年 7 月 23 日、2010 年 8 月 19 日都是高空冷涡暴雨的例子（图 2.7）。

2.2.3　暖切变类

暖切变线是由南侧的西南气流（或偏南气流），与北侧的偏北气流（或偏东气流）所造成的辐合线，由南向北移动。它是河北省暴雨主要影响系统之一。暖切变线造成的暴雨强度大，时间短，多为对流性降水，常伴有雷暴活动。

暖切变线形成于华北高压和副热带高压之间，当西风槽东移到 115°～120°E 时，由于副热带高压阻挡，西风槽南段东移速度变慢，而北段继续东移，槽线由南北向转为东北—西南向。随西风槽东移的北方小高压东移到河北省之后，槽线逐渐转为东西向的切变线。此时副热带高压加强西进，在其西侧的低空急流（或西南气流）加强北上，切变线北抬影响河北省。暖切变线形成时，低纬度环流也有显著特征，一般西南季风都比较强盛和活跃。而且热带辐合区呈东西带状，维持在 20°N 左右。2001 年 7 月 27—28 日就是副热带高压与西风带小高压之间的暖切变北上造成持续 2 d 的暴雨天气（图 2.8）。

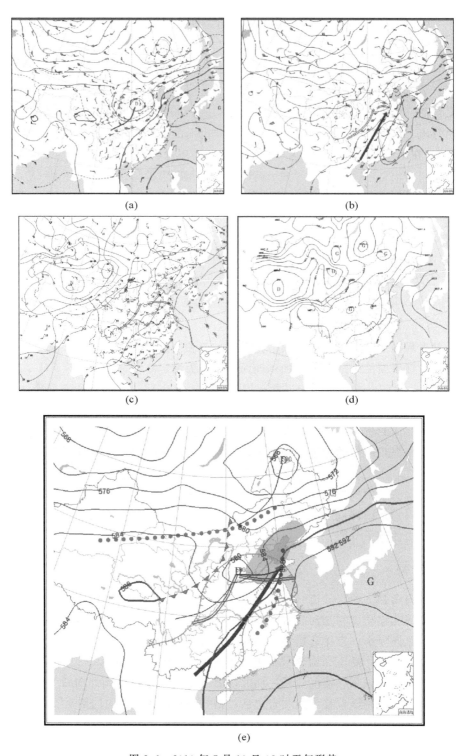

图 2.6　2010 年 7 月 19 日 08 时天气形势

（a）500 hPa；（b）700 hPa；（c）850 hPa；（d）地面；（e）综合形势（500 hPa 高度场，

500 hPa 低压槽、冷温槽，850 hPa 切变线、湿区、暖脊、低空急流，地面暴雨区）

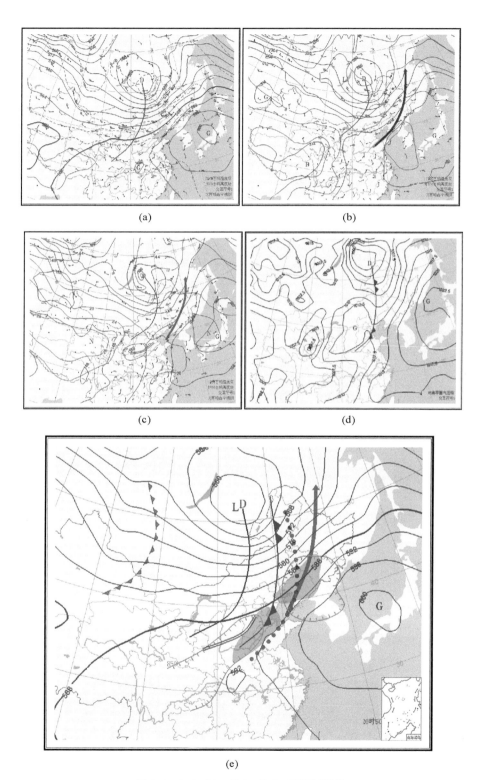

(a)　　　　　　　　　　　　　　　　(b)

(c)　　　　　　　　　　　　　　　　(d)

(e)

图 2.7　2010 年 8 月 19 日 20 时天气形势

(a) 500 hPa；(b) 700 hPa；(c) 850 hPa；(d) 地面；(e) 综合形势（500 hPa 高度场，
500 hPa 槽线、冷温槽，850 hPa 切变线、湿区、暖脊、低空急流，地面冷锋、暴雨区）

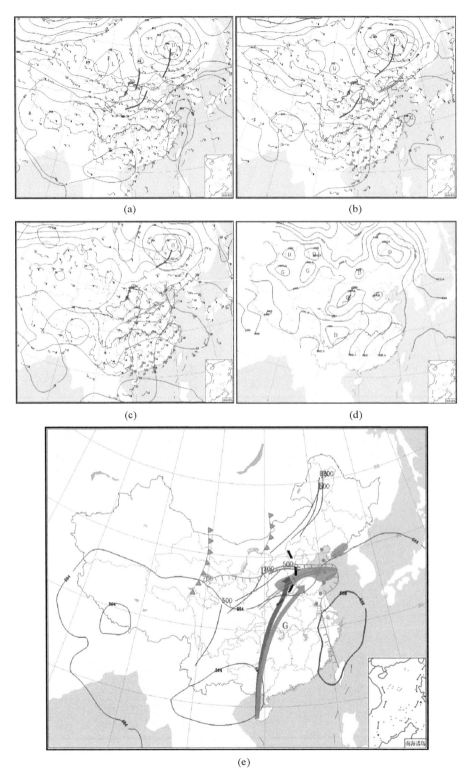

图 2.8　2001 年 7 月 27 日天气形势

(a) 500 hPa；(b) 700 hPa；(c) 850 hPa；(d) 地面；(e) 综合形势图（500 hPa 高度场，
500 hPa 低压槽、冷温槽，850 hPa 切变线、湿区、暖脊、低空急流，地面中尺度辐合线、暴雨区）

暖切变线暴雨与低空急流有关。据统计，75%的暖切变线暴雨都有西南或偏南低空急流。低空急流中心的风速，一般可达 20～30 m/s。暴雨产生在低空急流最大风速中心的前方或左前方。低空急流多产生在长江中下游地区，然后逐渐向北发展，最大风速中心抵达豫、鲁一带时，河北省暴雨达到最强。

2.2.4 台风类

虽然台风是一个低纬度天气系统，但在一定的环流条件下，台风可以深入内陆直接影响河北省。如 1996 年 8 月 4 日，台风低压深入内陆在华北南部维持造成持续性暴雨天气。但这类台风次数少，多数是间接影响。尽管影响是间接的，但对暴雨贡献却是十分重要的。河北省大多数区域性特大暴雨与台风都有关联。所以近年来盛夏台风活动，都受到北方气象工作者的重视，其原因就在于此。

2.2.4.1 台风直接影响类

所谓台风直接影响，就是台风登陆后，由于台风比较强大，没有减弱消失，而西北上直接影响河北省，或者经渤海，直接在河北省沿海登陆。台风外围有一支低空东风急流，与太行山脉相交，对暴雨产生增幅作用，加上弱冷空气从台风西部卷入，就在河北省京广线一带产生特大暴雨。台风登陆之后，能够维持一定强度，且继续西北行，首要条件是登陆台风必须具备一定的强度，一般中心气压至少要低于 990 hPa，最大风力不低于 10 级，还要有较大的环流范围。只有这样才能保持一定强度向西北方向移动而影响河北省。其次是登陆台风后部有低空急流或水汽输送，能够使台风保持一定的能量。第三是台风为高压带所包围或没有较强的冷空气侵入，从而保证台风暖性结构不被破坏。第四是高空辐散有利于台风强度的维持。而强纬向风速垂直切变过大，则不利于台风的维持。1996 年 8 月 4—5 日华北暴雨就是台风登陆后北上由台风低压直接影响造成的（图 2.9）。

1996 年 8 月 3—5 日受减弱台风低压和切变线的共同影响，河北省中南部地区出现了自1963 年以来至当时的最大一次暴雨过程。降雨中心出现在邢台西部的野沟门，4 日的日降水量达到 560 mm，总过程降水量为 616 mm。这次特大暴雨过程的特点是面积广、雨量大、强度强、历时长，加上暴雨前期降水偏多，上游水库溢满大量泄洪，造成山洪爆发，诱发严重的滑坡、泥石流等地质灾害，使邢台 11 个县、市，1902 个村庄，193 万人口受灾，死亡 94 人，桥梁被毁、农田被淹、房屋倒塌，交通、通信、电力中断等。据不完全统计，造成直接经济损失117 亿多元。

根据 GMS-5 卫星云图资料（图 2.10），并依据 Maddox 给出的中尺度对流复合体的定义和判据，发现这次特大暴雨的云图特征是较为典型的中尺度对流复合体（MCC）影响过程。强降水大致分为两个阶段，这两个阶段分别对应两次 MCC 影响过程[4]。

第一阶段从 3 日下午到 4 日上午，分析该阶段逐时的红外云图，8 月 3 日 15 时在台风云系的北端，也就是郑州附近形成一个小对流云团，以后该对流云团强度加强，范围向北扩大，到 3 日 20 时迅速发展成为一个范围在几百千米，主体近似圆形的强对流云团，中心位于 36°N、113°E，最低云顶亮温（TBB）达−61 ℃，3 日 23 时云团到达华北中南部，云团在缓慢北抬东移的过程中，与南下的弱冷锋云系合并，加剧了云团内的对流发展，面积再次扩大。4 日 02时出现了涡旋状结构，北部边缘云系开始影响邢台市南部，这时邢台市南部的沙河站 02 时出现了 24.8 mm/h 的强降水，该对流云团北上缓慢，雨团也在邯郸市和邢台市南部一带徘徊。4 日 03 时以后开始影响邢台市的大部分地区，使铁路沿线及以西降水强度增大，沙河站 03 时雨

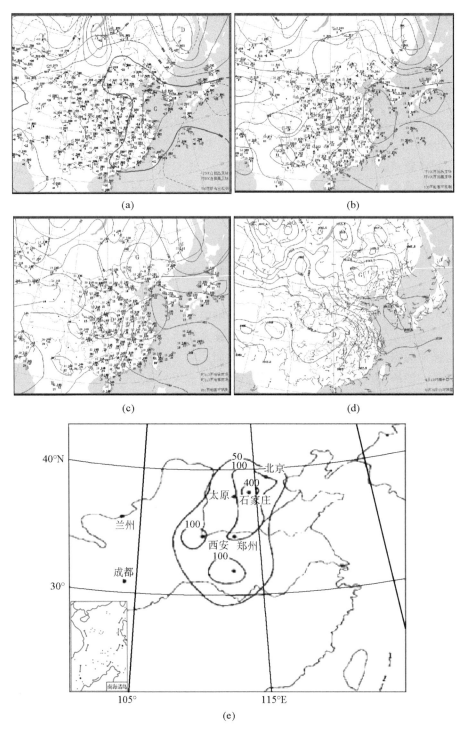

图 2.9　1996 年 8 月 4 日 08 时天气形势[5]

(a) 500 hPa；(b) 700 hPa；(c) 850 hPa；(d) 地面；

(e) 1996 年 8 月 3 日 08 时—5 日 08 时过程降水量（单位：mm）

强达到 45.6 mm/h。4 日 03—08 时是云团影响邢台最强的时期，同时也是邢台市降水强度最大的时段，沙河站 01 时—05 时连续 4 h 出现强降水。最大雨强出现在临城站 07 时，51.4 mm/h。此后，该对流云团云系减弱消散，雨势减弱，降水强度减小。

第二阶段从 8 月 4 日下午到 5 日凌晨。第一阶段对流云团减弱东移后，8 月 4 日 11 时在郑州北部又有一对流云团强烈发展，并与第一个云团西南部残留的对流云区合并，到 17 时迅速发展为一个范围几百千米，主体近似圆形的对流云团，中心位于 32°N、115°E 附近，最低云顶亮温（TBB）达－62℃，此时邢台市出现了第二次降水高峰，全市大部分县站出现了小时降水量超过 20 mm 的强降水，邢台市区 17 时的降水量达到了 48.8 mm，野沟门降水量达到 79.9 mm。与第一阶段的对流云团相比，该云团发展快、范围大、强度强，造成的降水剧烈。以后该云团在原地维持，云团范围继续扩大，且一直滞留于邢台市上空，到 19 时发展到最强，但由于黄河下游一带不断有小对流云团或单体形成发展和并入，使得该云团减弱缓慢，受其影响，邢台市降水不断，直到 4 日 21 时，该对流云团才缓慢东移并有所减弱，雨势减缓，23 时以后对流云团云系消失，邢台市各站降水强度减小，特大暴雨过程趋于结束。

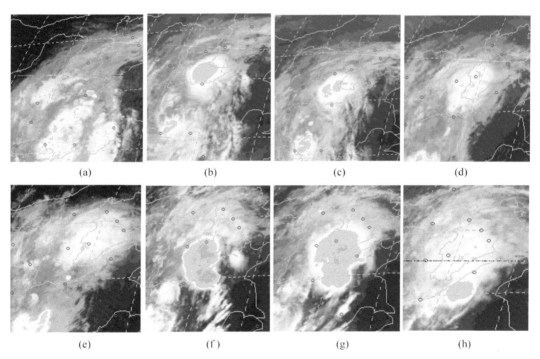

图 2.10　1996 年 8 月 3—4 日 GMS－5 卫星红外云图
(a) 3 日 15 时；(b) 3 日 17 时；(c) 4 日 00 时；(d) 4 日 06 时；(e) 4 日 11 时；
(f) 4 日 17 时；(g) 4 日 19 时；(h) 4 日 22 时

这两个对流云团对本次特大暴雨的形成起到了非常重要的作用，它的特点是：发展迅速，边界清楚，范围有几百千米，生命史长，在河南北部到河北中南部一带重复生消，并相继发展东移，造成此地强降水不断，形成了自 1963 年以来又一次重大的"96·8"洪灾。

2.2.4.2　台风低压倒槽

台风倒槽暴雨的产生环流背景是：由于台风与西风槽相向而行，一方面，原在河套上空的冷空气伴随西风槽东移到台风的东北方，同时在低层向南扩散，形成一个非常浅薄的冷垫；另一方面，台风与副热带高压之间的低空东南急流中心也随着台风北上。在台风倒槽的东侧，源源不断有暖湿气流输送，并在冷垫上爬升，对流不稳定能量加强，对流强烈发展，暴雨产生。2005 年 7 月 22—23 日（图 2.11）和 2012 年 8 月 4—5 日，受登陆台风减弱的低压北部倒槽影响，河北南部出现了不同范围、强度的暴雨天气。

2.2.5　气旋类

影响河北省暴雨的气旋，主要是指在晋、冀、豫一带的黄河下游生成发展的温带气旋，一般统称黄河气旋。此外，还有在黄淮一带生成发展并北上影响河北省的温带气旋也称黄淮气旋。副热带高压边缘盛行上升气流，对流强烈，易造成暴雨天气。此外，副热带高压边缘，西南暖湿气流能够源源不断地输送水汽，这些水汽在华北、黄淮一带与冷空气剧烈交汇，形成"黄河气旋"或"黄淮气旋"，从而导致了强降水天气的发生和发展。

其形成过程是：在黄河中、上游先有倒槽产生，然后有冷锋入槽。与之相对应的高空形势特点是，在 35°~40°N 有一近似东西向锋区，其上有低槽东移，不断发展加深，槽前后冷暖平流加强形成气旋。其路径大体沿黄河东移进入渤海湾或黄海北部，再向东北进入朝鲜和日本海，或偏北移动进入松辽平原。

"16·7"华北特大暴雨洪涝灾害就是由黄淮气旋造成的，下面以此次过程为例，分析黄淮气旋生成、发展演变特征及其影响。

2.2.5.1　降雨实况

2016 年 7 月 18—22 日，河北省南部及东北部、北京市大部分地区、山东省西部、辽宁省南部等地有 500 个雨量站降水量超过 250 mm。河北省有 3411 个雨量站超过 100 mm，特别是太行山东麓 25 县平均降水量 217.4 mm，有 10 个站点降水量超过 600 mm，最大为赞皇的嶂石岩降水量达 832 mm（图 2.12）。河北省过程平均降水量为 156.2 mm，仅次于"63·8"的 321.4 mm，高于"96·8"的 122.4 mm 和"7·21"的 60.2 mm。

18 日 08 时至 21 日 08 时，邢台市过程平均降水量 210.2 mm，仅次于"63·8"的 559.6 mm，高于"96·8"的 168.4 mm。本次降雨大值区主要集中在铁路沿线附近及以西，平均累计降水量达 303.1 mm，其中邢台市皇寺达 334.4 mm，内丘县达 334.2 mm，沙河市达 336.4 mm。本次过程共有 105 个站降水量超过 250 mm，500 mm 以上站点为临城县上围寺 676.0 mm（水文站）、内丘黄岔 525.0 mm（水文站）、内丘太子岩 517.6 mm（区域气象站）、内丘獐么 502.6 mm（区域气象站）。最大的小时雨强出现在邢台市南大郭 138.5 mm/h[6]。受强降水影响，邢台市遭受暴雨洪涝灾害，受灾人口 147.17 万，农作物受灾面积 196.3 万亩。其中，成灾 118.7 万亩，绝收 55.7 万亩。共造成直接经济损失 153.05 亿元，其中农业损失 31.3 亿元。

2.2.5.2　天气形势演变

18 日 20 时，500 hPa 呈现两槽一脊型，位于河套地区的高空槽深厚，一直延伸到贵州省东部和广西壮族自治区西部，且温度槽落后于高度槽，未来将东移发展。位于巴尔喀什湖的槽前不断有弱波动携带弱冷空气注入高空槽，也使高空槽不断加强。700 和 850 hPa 在江淮地区均有切变线，逐渐北抬。地面上对应高空槽前正涡度平流区，有低压倒槽发展，一直延伸至河北省中南部地区。19 日 08 时，副热带高压不断加强，呈现南北块状。500 hPa 温度槽仍落后

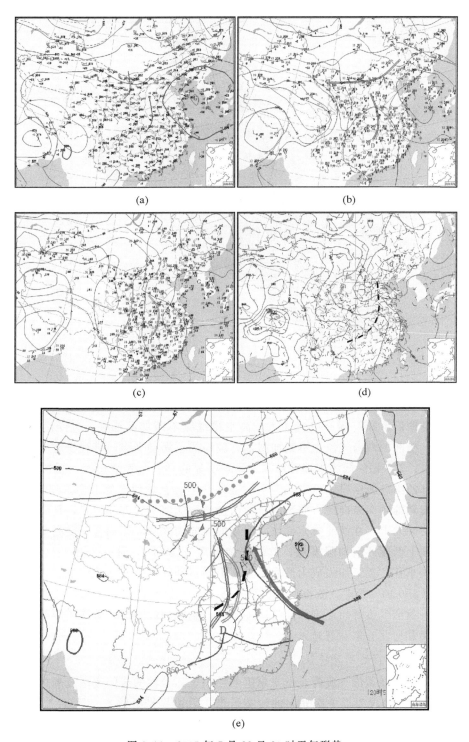

图 2.11 2005 年 7 月 22 日 20 时天气形势

(a) 500 hPa；(b) 700 hPa；(c) 850 hPa；(d) 地面；(e) 综合形势（500 hPa 高度场，
500 hPa 低压槽、冷温槽，850 hPa 切变线、湿区、暖脊、低空急流，地面辐合线、暴雨区）

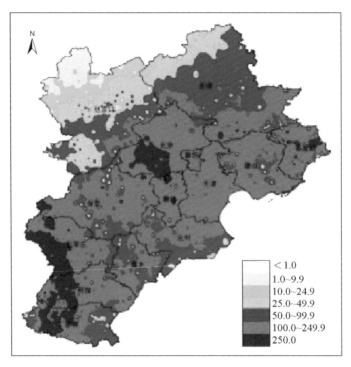

图 2.12　2016 年 7 月 18 日 08 时—22 日 08 时河北省过程降水量（单位：mm）

于高度槽，高空槽后不断有弱冷空气注入，高空槽继续不断加深加强，且受副热带高压的阻挡，移动缓慢。槽前的西南气流也不断加强，有较强的正涡度平流，有利于地面低压倒槽的发展和低层的锋生。700 hPa 低涡东移并加深，呈现明显的"人"字型切变，暖切变位于河南省南部，切变南部西南急流强盛，携带暖湿空气逐渐北上，在暖切变处汇合。850 hPa 在冷空气的作用下，西南涡继续向东向北方向移动，西南急流到达河南省南部地区，且西南风低空急流中不断有切变扰动北上，在河北省南部也有明显的风向切变和风速辐合。受高空槽前正涡度平流的影响，地面上低压逐渐加强发展，黄淮气旋形成。19 日 20 时（图 2.13），500 hPa 河套高空槽继续发展东移，逐渐加强成为低涡，与北上的黄淮气旋合并加强，受副热带高压阻挡向北移动。700 和 850 hPa 西南急流也逐渐加强东移北上，整层系统近乎垂直。地面低压倒槽也逐渐东移北抬，黄淮气旋开始影响河北省南部地区。到 20 日 08 时，黄淮气旋继续向东北方向移动，影响京津和河北省东北部地区[7]。

2.2.5.3　卫星云图和雷达回波特征

这次降雨过程，在黄淮气旋配合低空急流的影响下，分散的云团逐渐发展加强，形成斜压叶云系（图 2.14），表现为近乎南北向的较宽云带，后边界光滑整齐，呈现"S"型。斜压叶云系维持时间较长，19 日 20 时以后，云系"S"型后边界逐渐变得更加明显，20 日 00 时以后转变为逗点云系，随着逗点云系的北移，邢台市降雨逐渐减弱，过程逐渐结束，降雨区东北移。雷达回波上，低质心、高效率的大面积降水回波较长时间源源不断地从邢台市经过，产生"列车效应"，导致了这次大暴雨过程。

19 日下午强降水主要发生在邢台市西南部山区，其中邢台县前南峪降雨量达到 120.4 mm，

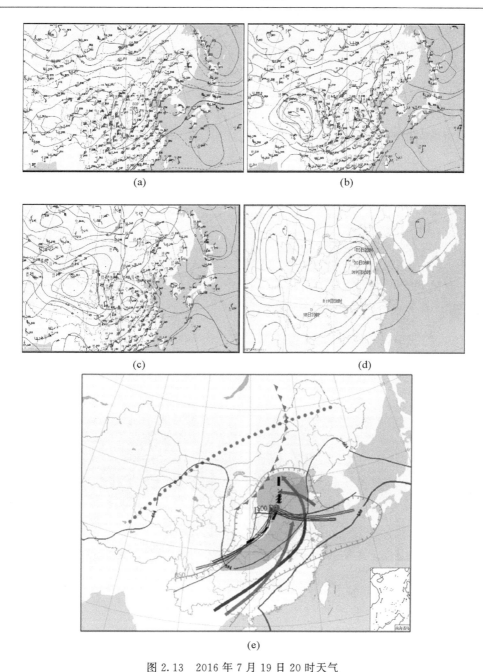

图 2.13　2016 年 7 月 19 日 20 时天气

（a）500 hPa；（b）700 hPa；（a）850 hPa；（b）海平面气压场；（e）综合天气形势（500 hPa
高度场，500 hPa 低压槽、冷温槽，850 hPa 切变线、湿区、暖脊、低空急流，地面中尺度辐合
线、暴雨区）

这一时段云团中心 TBB 先降低（最小为－63℃）后升高，低值中心的位置逐渐北移，前南峪
地区 TBB 则逐渐降低，与中心区的差值为 10～20 ℃，其他强降水站点沙河市花木、邢台县左
坡村、大寨村与云团中心的 TBB 差值也在 10～20 ℃。

这一时段，雷达反射率图上（图 2.15），回波不断自南向北移动产生列车效应，而西南部
山区的回波强度始终维持在 35 dBz 以上，从风廓线图上，底层表现为偏东风，偏东风在太行

山前地形抬升作用也是西南部山区降水强度较大的一个原因。另外，从反射率因子剖面图（图2.15b）上看到，强回波位置较低，多在 5 km 以下（当日 0 ℃高度为 5.1 km），属于低质心热带型降水回波。

19 日 20 时至 20 日 00 时，这一时段强降水主要发生在邢台市区、邢台县、沙河、内丘、临城，其中邢台市区南大郭在 19 日 23 时到 20 日 00 时的 1 h 降水量达到 138.5 mm，也是此次降雨过程中最大小时雨量。

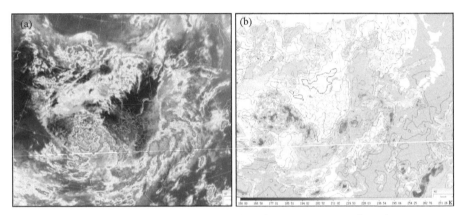

图 2.14　2016 年 7 月 19 日　(a) 17 时 45 分云图和 (b) 17 时 15 分 TBB

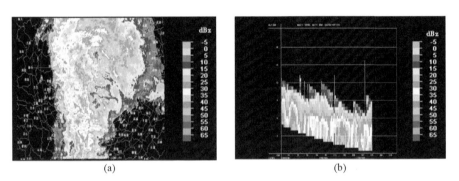

图 2.15　2016 年 7 月 19 日 17 时　(a) 雷达回波和 (b) 雷达回波垂直剖面

这一时段处在斜压叶云系向逗点云系发展的过程中（图 2.16），云系逐渐向东北方向移动，强降水区也随之移动。这一过程中，强降水区主要位于云团的后边界附近，云团中心 TBB 先降低（最小为 −71 ℃）后升高（图 2.17），低值中心的位置逐渐向东北移，南大郭地区与云团中心的 TBB 差值在 18～31 ℃。

由降水区域知，这一时段强降水主要发生在太行山前，一方面风廓线图上底层持续的偏东风在山前抬升对降水有一定的增幅作用；另一方面，雷达回波图上（图 2.18），不断有强回波自南向北移动经过邢台西部地区，而且 40 dBz 以上的回波在西部地区持续时间超过 30 个体扫；此时东部地区降水回波也在持续，但是强回波的范围和持续时间明显较西部小和短，因此降水强度较西部地区小。但无论东部还是西部地区，强反射率因子的质心位置依然在 5 km 以下，仍属于热带型降水回波。

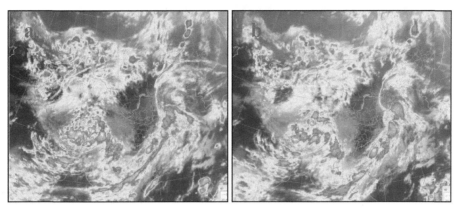

图 2.16　2016 年 7 月 19 日 20 时 45 分（a）和 23 时 45 分（b）云图

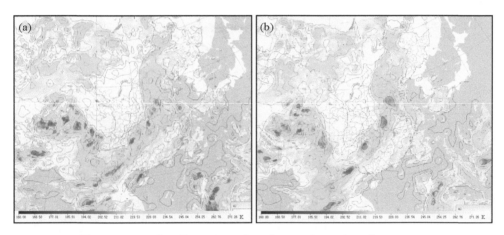

图 2.17　2016 年 7 月 19 日 20 时 15 分（a）和 23 时 15 分（b）TBB

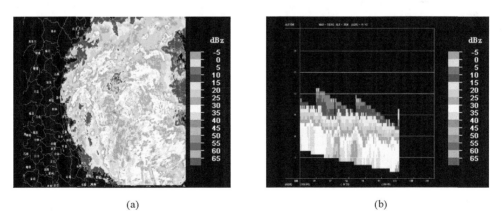

（a）　　　　　　　　　　　　　　　　　　　（b）

图 2.18　2016 年 7 月 19 日 21 时 48 分雷达回波（a）和 21 时雷达回波垂直剖面（b）

　　20 日 00—03 时，这一时段强降水主要在东部平原的临西、清河、南宫，红外云图表现为逗点云系，强降水落区位于逗点云系头部的南侧，强降水区与云团中心的 TBB 差值在 33～50 ℃（图 2.19）。

这一时段，西部地区雷达回波强度逐渐减弱，东部地区回波强度加强，40 dBz 以上的回波持续整个强降水发生过程中，而且强回波的范围不断增大，其质心的位置依然较低，属于热带型降水回波（图 2.20）。

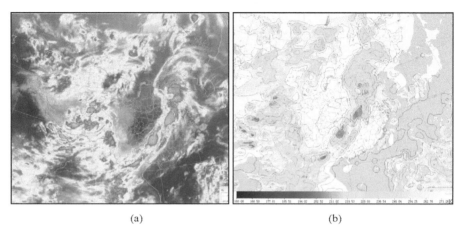

(a)　　　　　　　　　　　　　　　　　　(b)

图 2.19　2016 年 7 月 20 日 02 时 45 分红外云图（a）和 02 时 15 分 TBB（b）

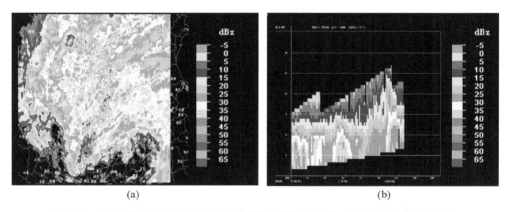

(a)　　　　　　　　　　　　　　　　　　(b)

图 2.20　2016 年 7 月 20 日 02 时 48 分雷达回波（a）和 01 时雷达回波剖面（b）

2.2.6　多系统共同作用

2.2.6.1　2013 年 7 月 1 日宁晋县四芝兰特大暴雨过程[8]

2013 年 7 月 1 日暴雨过程中，主要影响系统为副热带高压外围低涡暖切变线及东北冷涡后部的冷空气南下，加之中国南海台风远距离影响，高、中、低纬度系统共同作用造成华北大范围暴雨到大暴雨天气（图 2.21）。邢台市宁晋县四芝兰镇 17—19 时连续两个小时雨强超过 100 mm/h，最大雨强为 121 mm/h，24 h 过程降水量达 409 mm。

极端强降水发生在太行山东侧平原半定常的辐合线上，从地面风场结合 FY-2E 高分辨率可见光云图可以看到辐合线对新生对流的触发和已有对流的维持和加强有重要作用（图 2.22）。在 20 时 30 分之前，导致邢台市宁晋县极端降水的对流系统主要是在山东生成并向西北方向移动的，成熟的对流系统侧翼的阵风锋对新生对流的进一步触发起了十分关键的作用。

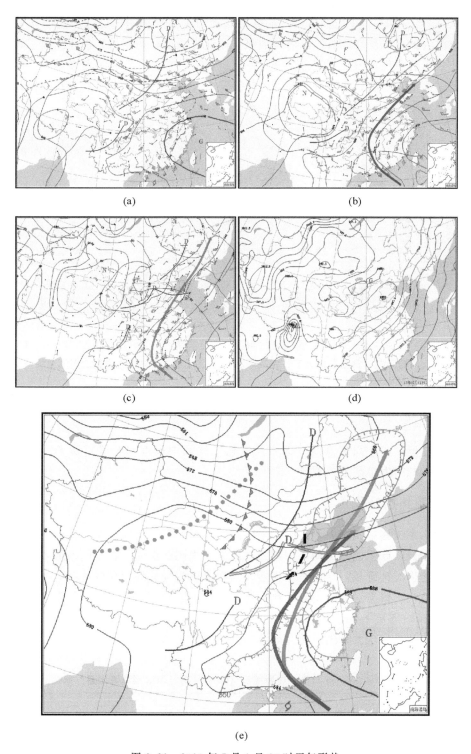

(a) (b)

(c) (d)

(e)

图 2.21 2013 年 7 月 1 日 20 时天气形势

(a) 500 hPa；(b) 700 hPa；(c) 850 hPa；(d) 地面；(e) 综合天气形势（500 hPa 高度场，
500 hPa 低压槽、冷温槽，850 hPa 切变线、湿区、暖脊、低空急流，地面中尺度辐合线、暴雨区）

河北省南部的半定常的辐合切变线对新生对流的触发和已有对流的维持和加强也有重要贡献，特别是 16 时以后，中心位于山西省南部的低层低涡切变线东侧的气旋性环流加强了原有的位于河北省南部的地面气旋性环流。因而，加强了河北省南部的东南风，进而加强了半定常的切变辐合线，并出现中尺度气旋性环流，有利于对流系统在这一区域的发展增强。17 时以后，先是锋前暖区的活跃对流导致宁晋县极端短时强降水，在 20 时 30 分之后，与冷锋相联系的对流系统开始影响宁晋县极端降水区，一直持续到 23 时前后。

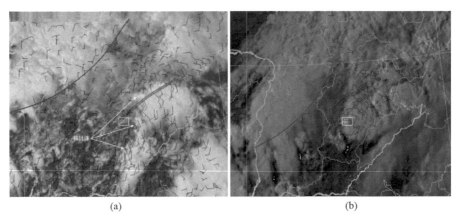

(a)　　　　　　　　　　　　　　　　　(b)

图 2.22　2013 年 7 月 1 日 14 时 FY-2E 静止气象卫星高分辨率可见光云图叠加 14 时（a）、17 时（b）
地面风场观测（黄色方框为宁晋极端降水区，蓝线为冷锋，红双线为地面辐合线）

2.3　太行山地形对暴雨的作用

山地特殊地形区是中尺度系统（即中尺度切变线和中尺度辐合线）易于发生、发展的地区，因此对暴雨的产生也是至关重要[2]。

2.3.1　坡地阻挡抬升作用

当一个降水系统移近太行山东麓时，来自海上的暖湿不稳定偏东南气流向迎风坡吹送，其中一部分被迫抬升，产生上升运动，一部分气流呈不规则的折向，在不同地形条件下，有的顺时针旋转，有的逆时针旋转，在山体前缘形成涡旋或形成局地地形风向切变，产生辐合和上升运动，使雨量增大。根据对太行山东麓致灾暴雨过程雨量分析来看，最大的暴雨中心大都出现在太行山东麓 200～500 m 低山丘陵区的迎风坡。如由台风低压造成"96·8"特大暴雨过程的最大降水中心就是位于太行山东麓迎风坡的野沟门（表 2.1）。

表 2.1　1996 年 8 月 3—5 日暴雨过程逐日（08—08 时）及过程总降水量（单位：mm）

站名		3 日	4 日	5 日	总降水量	海拔高度（m）
平原站	清河	0	64	45	110	32
	威县	1	51	33	84	35
	临西	0	50	39	88	36

续表

站名		3 日	4 日	5 日	总降水量	海拔高度（m）
山前站	内丘	45	162	1	208	78
	临城	61	204	0	265	125
	沙河	149	108	5	263	69
山区站	獐獏	139	325	2	466	340
	野沟门	291	317	1	609	380
	坡底	221	192	0	414	315

从表 2.1 可以看到，过程总降水量从东到西沿地势的升高而增大。东部平原各站过程总降水量为 100 mm 左右，山前各站的过程总降水量大于 200 mm，位于山区的野沟门的过程总降水量超过了 600 mm（由水文站得到）。野沟门位于太行山东麓山区的迎风坡，海拔高度为 380 m，台风登陆时，台风外围有一支低空东风气流与太行山脉相交，由于地形的动力抬升，当雨团移近山地时，偏东气流受太行山地形阻挡被迫抬升，从而加强了气团上升运动，对降水产生明显的增幅作用。

2.3.2　喇叭口地形辐合作用

喇叭口地形的辐合对暴雨起到明显增幅作用，由于特殊的地形，当暖湿气流流入喇叭口谷地时，由于两侧高山阻挡，气流突然收缩，在喇叭口里引起强烈上升运动，同时水汽辐合量加大，以致降水量增大。如由西南涡系统造成的著名的"63·8"特大暴雨过程的最大降水中心，就出现在位于喇叭口地形中的獐獏，8 月 2—9 日獐獏的过程总降水量达到 2052 mm，8 月 4 日日降水量达到 865 mm，而位于山前的内丘站过程总降水量为 712 mm，东部平原的清河站只有 150 mm（表 2.2）。獐獏位于太行山东麓的山区河谷内，海拔高度为 340 m，周围海拔 200~1000 m，地形从东北向西南升高，并由开阔逐渐收缩，形如"喇叭口"，8 月 4 日 08 时獐獏的平坦地区地面出现 8~10 m/s 的强东北风，风向与山脉正交，湿层厚度大，潮湿空气向喇叭口涌进，使獐獏上空大气层结极不稳定，辐合抬升动力加强，对流强烈发展，形成强积雨云，进入獐獏上空已经存在的西南涡云系中，使降水强度加强。因此，可以说獐獏暴雨中心出现的原因，除了西南涡降水受到太行山地形抬升外，喇叭口地形的收缩也是很显著的。

表 2.2　1963 年 8 月 2—9 日连续暴雨过程逐日（08—08 时）及过程总降水量（单位：mm）

站名		2 日	3 日	4 日	5 日	6 日	7 日	8 日	9 日	总降水量
平原站	威县	19	37	41	19	79	47	0	38	261
	南宫	0	3	21	27	19	31	5	47	153
	清河	3	7	32	14	11	19	0	64	147

续表

站名		2 日	3 日	4 日	5 日	6 日	7 日	8 日	9 日	总降水量
山前站	临城	65	10	372	146	169	127	31	56	911
	内丘	20	10	256	129	86	127	17	68	703
	邢台	17	49	304	127	139	64	38	59	780
	沙河	22	51	395	171	115	70	49	37	890
山区站	浆水	26	71	313	247	228	46	100	106	1112
	獐獏	99	223	865	370	127	278	89	1	2052
	郝庄	30	159	534	350	170	165	48		1456

2.3.3 狭管效应辐合抬升作用

暴雨期间，在山脉中的两山之间常常形成一条类似狭管的气流输送带，当南方来的暖湿气流到达太行山附近时，受太行山地形阻挡使得气流被迫抬升并偏转，与山脉走向平行，低层湿度较大时，使雨团内上升气流加强，对流更旺盛，所引起的降水也随之加剧。因此，在迎风坡的狭管地形中，由于狭管效应使风速增大，气流迅速辐合沿山地爬升，在气流相当潮湿时，往往产生较强降水。如 2000 年 7 月 3—6 日西北涡影响的连续暴雨过程的最大降水出现在坡底。坡底位于太行山东麓迎风坡的狭管、喇叭口山地地形中，由于狭管效应、喇叭口效应使风速增大，气流迅速辐合沿山地爬升，产生较强降水。对比邢台市山区水文站、山前气象站以及东部平原气象站逐日（08—08 时）降水量资料显示，过程总降水量从东到西沿地势的升高而增大，位于太行山东麓水文站坡底（海拔高度为 315 m）的总降水量为 508 mm，位于山前的邢台市区站（海拔高度为 78 m）降水量为 330 mm，而东部平原站清河（海拔高度为 32 m）降水量只有 69 mm（表 2.3）。

表 2.3 2000 年 7 月 3—6 日连续暴雨过程逐日（08—08 时）及过程总降水量（单位：mm）

站名		3 日	4 日	5 日	6 日	过程总量	海拔高度（m）
山区站	坡底	37	105	320	43	505	315
	獐獏	28	99	231	45	403	340
山前站	邢台	36	138	111	45	330	78
	临城	47	74	103	25	249	125
平原站	临西	13	56	5	1	75	36
	清河	25	41	3	0	69	32

2.4 暴雨预报技术流程

暴雨预报技术流程如图 2.23。

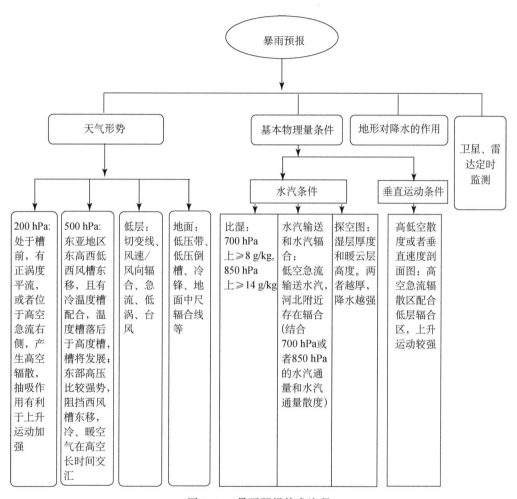

图 2.23 暴雨预报技术流程

第3章 暴雪

暴雪定义：24 h 降雪量≥10 mm 为暴雪，或 24 h 雨夹雪的降水量达≥10 mm，雪深南方≥5 cm、北方≥10 cm。

3.1 时空分布特征

邢台市降雪天气主要出现在 11 月至次年 3 月之间（图 3.1），2000—2009 年暴雪次数空间分布比较均匀（图 3.2），但主要出现在 11 月和 2 月。

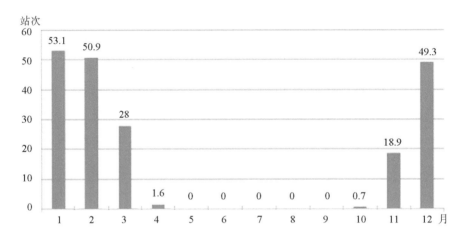

图 3.1 1981～2010 年邢台地区降雪日数月分布

图 3.2 邢台市 2000—2009 年暴雪站数分布情况

3.2　暴雪预报

　　暴雪与暴雨形成的条件类似，需要充沛的水汽供应、强烈的上升运动和较长的持续时间。同样，暴雪的形成和强度还与层结稳定度、云的微物理过程和地形密切相关[9]。

　　华北暴雪的主要环流形势是回流型，回流形势中有河套锢囚锋则降雪更大。回流型的高空形势是：东亚大陆纬向环流背景下，有南北两支锋区，北支锋区位于 40°N 以北，有一短波槽从乌拉尔山快速移动。当低槽到达我国东北地区时，受长白山阻挡作用，冷空气经渤海入侵华北平原。南支锋区在 30°N 附近，有一短波槽或低涡从新疆、河西走廊缓慢东移，冷空气亦随之东移。对应地面图上，华北处于北高南低的形势（偏东风），并有冷锋从河西走廊向东移动（或河套伴有倒槽）。

　　2009 年 11 月 9—12 日（图 3.3），河北省南部出现暴雪天气，全省过程平均降水量为21.7 mm，其中石家庄市、邢台市、邯郸市、衡水市大部分地区总降雪量在 20 mm 以上，石家庄市区降雪量最大为 93.5 mm，河北省中南部地区有 29 个县、市日最大降雪量突破当地有气象记录以来的历史极值，其中石家庄市大部分地区、邢台市西部、邯郸市西部累计积雪深度超过 30 cm，石家庄市区积雪深度最大为 55 cm。

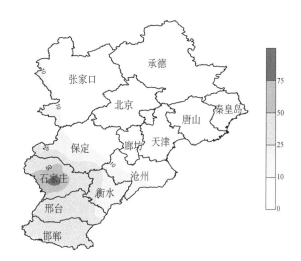

图 3.3　2009 年 11 月 10 日 08 时至 12 日 08 时河北省暴雪过程降雪量分布（单位：mm）

　　邢台市从 11 月 8 日下午开始，出现低温雨雪天气，其中 8—9 日以降雨或雨夹雪为主，10日以后普降暴雪，12 日下午降雪结束。10 日 08 时至 13 日 08 时邢台市全区过程降雪量为18.6～43.8 mm。邢台市区最大为 43.8 mm（图 3.4），积雪深度达 38 cm（图 3.5），清河县最小为 18.6 mm，积雪深度为 13 cm。此次降雪过程持续时间长、降雪量大，是自 1954 年有气象记录以来最大的一次降雪过程。雪灾造成大量房屋、工棚、圈舍、农作物大棚等倒塌、车辆砸损。据民政部门统计，邢台市逾 31 万人受灾、直接经济损失超过 2.4 亿元。

　　主要降雪阶段出现在 10 日 20 时到 11 日 20 时，除东部的清河县、威县、临西县、南宫市、新河县 24 h 降雪量在 20 mm 以下外，其他各县 24 h 降雪量都在 20 mm 以上，邢台市和沙河市均超过 30 mm，分别为 36.1 和 32.5 mm，清河市最少为 9.2 mm。

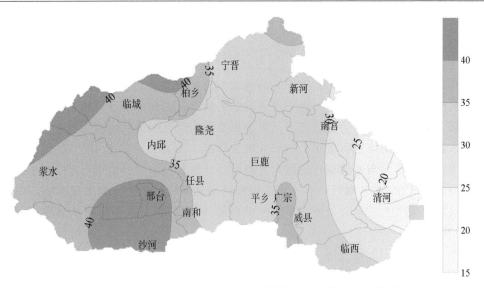

图 3.4　2009 年 11 月 10 日 08 时—13 日 08 时邢台市全区降水量（单位：mm）

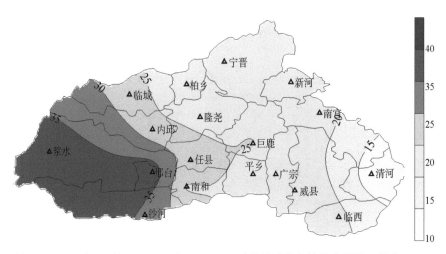

图 3.5　2009 年 11 月 10 日 08 时—13 日 08 时降雪过程各站最大雪深（单位：cm）

此次暴雪过程中，200 hPa 在东北和西南地区分别有两支高空急流，华北南部处于两支高空急流之间的辐散场中；500 hPa 中高纬度东亚是两槽一脊形势，河套地区分别有两个短波槽先后东移；700 hPa 有低空西南急流向华北南部输送暖湿气流，到达河南及以北地区，在华北中部切变线附近辐合抬升；850 hPa 有强的东北气流将干冷空气向南输送；地面蒙古冷高压向东移动过程中自东北地区向西南压下，河套倒槽发展，地面东高西低的气压场形势维持时间较长，为河北南部典型的回流降雪形势（图 3.6）。由于河北省南部西高东低的特殊地形，低层和近地层的偏东风在太行山前辐合抬升，使上升运动加强，造成太行山东麓罕见的暴雪天气。

这次暴雪可分为两个阶段，第一个阶段降雪在 9 日 22 时—11 日 07 时（图 3.7a、b），主要以切变和回流降雪为主，降雪时段主要在 10 日白天到夜间。回流暴雪时空分布具有中尺度天气特征，强降雪出现在下午特别是午后，地面观测站 6 h 降雪量达到 20 mm 的范围非常小，约几十千米，强降雪阶段的雷达回波强度大于 30 dBz 的尺度在几十千米内，强降雪来自于混合的层云和积云，为斜压叶状的切变线云系影响，西部降雪强于东部。第二阶段降雪在 12 日

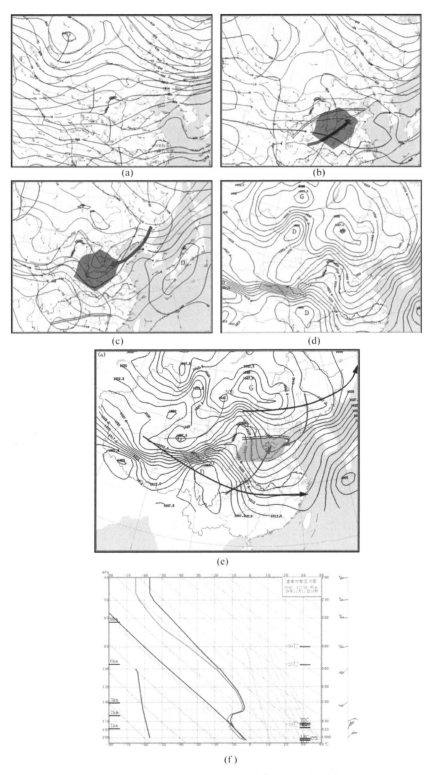

图 3.6　2009 年 11 月 11 日 08 时邢台市天气形势

（a）500 hPa；（b）700 hPa；（c）850 hPa；（d）地面；（e）综合；（f）探空

（海平面气压（黑线）、暴雪区（绿色）、200 hPa 急流（紫箭头）、700 hPa 急流

（棕箭头）、850 hPa 急流（红箭头）、500 hPa 短波槽（棕线）、700 hPa 切变线（红双线））

04—10时（图3.7c、d），主要以西风槽降雪为主。大部分地区和时段的降雪来自于层云，为稳定性降水，为涡度逗点状的高空槽云系影响，东部降雪强于西部[10]。

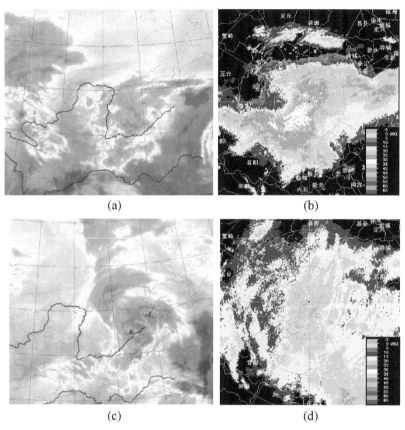

图3.7　2009年11月10日、12日红外云图和雷达组合反射率
(a) 10日20时；(b) 10日15时30分；(c) 12日08时；(d) 12日06时42分

　　回流暴雪过程中高低空急流具有非常重要的作用。冷空气自850 hPa以下随强劲的东北风回流到河北南部，700 hPa西南急流前部暖湿气流辐合抬升，高空200 hPa急流右后侧的辐散抽吸作用使上升运动加强。在高低空耦合作用下，华北平原高空存在一支垂直环流，边界层东北风到达太行山东麓，在迎风坡抬升至对流层中高层转为西南风，到达东北地区转为下沉气流，再与东北风构成一个完整的垂直环流。回流暴雪过程的水汽输送主要来自于700 hPa强劲的西南气流，水汽源地为孟加拉湾，充足的暖湿气流叠加在边界层干冷空气之上，是回流暴雪天气产生的重要机制。等θ_{se}密集区由地面向上向北伸展到700 hPa（图3.8），具有锋面结构，锋面的前沿从北向南推进，地面锋面附近800 hPa以下θ_{se}呈直立状态，具有对流中性层结。强降雪发生在地面冷锋北侧。地面出现等露点线密集带，干线是回流暴雪的地面中尺度系统。

　　预报指标：700 hPa在蒙古地区40°～50°N有NE—SW向槽，槽前有西南急流；500 hPa与700 hPa有对应槽；700 hPa在40°～55°N、105～125°E有锋区（5个纬距≥3根等温线）；850 hPa或925 hPa邢台市为偏东风，风速≥10 m/s；08时地面为东高西低或北高南低（高压为东西向），河套为倒槽，邢台市处于偏东气流之中。比湿≥3 g/kg，中低层垂直速度≤−30×10⁻² Pa/s，850 hPa上−4℃和925 hPa上−2℃等温线对于春秋或温度偏高时确定降水性质（雨、雪、雨夹雪）。

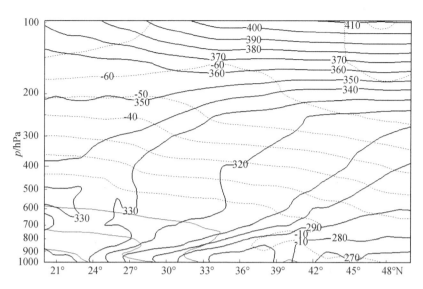

图 3.8　2009 年 11 月 11 日 08 时沿 114°E 温度和假相当位温的垂直剖面
（虚线为温度，单位为℃；实线为假相当位温，单位为 K）

3.3　暴雪预报技术流程

暴雪预报技术流程如图 3.9 所示。

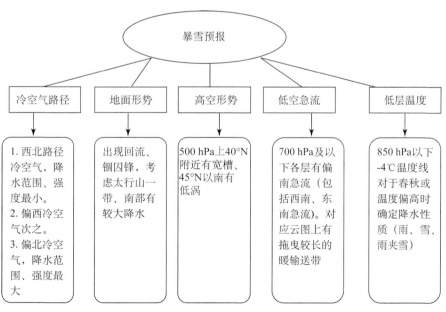

图 3.9　暴雪预报技术流程图

第4章 大风

大风,气象上是指平均风力不低于6级(风速10.8 m/s以上),瞬时风力不低于8级(风速大于17.2 m/s),对生产、生活产生严重影响的风。大风除有时会造成少量人口伤亡、失踪外,主要破坏房屋、车辆、船舶、树木、农作物以及通信、电力设施等,由此造成的灾害为风灾。

4.1 时空分布特征

由1981—2010年邢台市30年大风总次数分布图(图4.1)可以看出,邢台市大风易发区主要集中在西北部以及东北部平原地区,其中临城30年大风总次数为308次,年均10次,占邢台市大风总次数的10%,而邢台市区及以中部地带以及威县南部、临西地区为大风不易发区,其中最少为邢台市81次,年均2.7次,占邢台市大风总次数的2.7%。

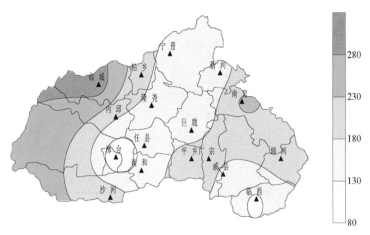

图4.1 邢台市1981—2010年各县、市大风总次数分布(单位:次)

每年春季和初夏是大风高发期,以邢台市区为例,其中3月发生大风为8次,年均为0.3次,占大风总次数的9.9%,4月发生大风为19次,年均0.6次,占大风总次数的23.4%,5月发生大风12次,年均0.4次,占大风总次数的14.8%,6月发生大风15次,年均0.5次,占大风总次数的16.5%。

4.2 偏南大风

4.2.1 低压前部型

天气形势：08 时，700 hPa 在（115°～130°E，36°～64°N）存在一个高压脊，在高压脊上游 8～15 个经度范围内有一个浅槽，邢台市处在高空槽前脊后或者槽底部。08 或 14 时地面在华北南部为地形槽或小低压。如 2009 年 5 月 8 日偏南大风就出现在蒙古低压的前部（图 4.2），邢台市有 5 站出现 8 级及以上大风天气。

预报指标：冷中心在 50°N（个别在 45°N）以北，500 hPa 上强度≤−32 ℃，700 hPa 上 ≤−20 ℃，850 hPa 上≤−12 ℃、35°～45°N 等温度线≥4 条；高空风：850 hPa 为偏南风，≥8 m/s；地面气压场：08 时低压中心位于 39°N 以北，103°E 以东，强度≤1012 hPa；气压梯度较大，110°～120°E 内≥4 条东北—西南向等压线，3 h 变压<−4.0 hPa。

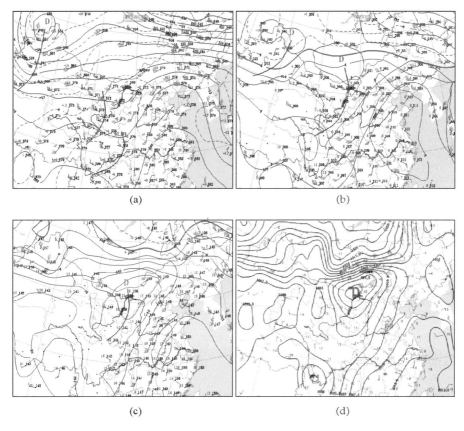

(a)　　　　　　　　　　　　　　(b)

(c)　　　　　　　　　　　　　　(d)

图 4.2　2009 年 5 月 8 日 08 时天气形势
(a) 500 hPa；(b) 700 hPa；(c) 850 hPa；(d) 地面

4.2.2 入海高压后部型

天气形势：08 时，700 hPa 有两槽一脊，两个槽分别位于黑龙江东部—朝鲜半岛南部和新西伯利亚附近（80°～95°E，51°～65°N），黑龙江省北部—河北省南部处于高压脊控制中。08时地面高压位于黄海或东海北部附近（116°～125°E，38°～44°N）；邢台市区处于入海高压的后部。2002年3月25日偏南大风就是出现在入海高压的后部（图4.3），全省21站出现大风。

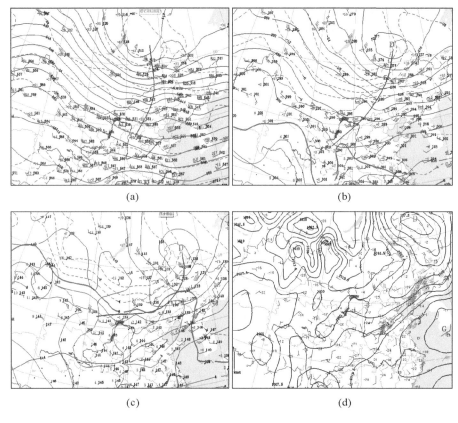

图 4.3　2002 年 3 月 25 日天气形势
(a) 500 hPa；(b) 700 hPa；(c) 850 hPa；(d) 地面

4.3　偏北大风

4.3.1　阻高崩溃型

高空形势：乌拉尔山或西伯利亚为一阻塞高压，影响系统是贝加尔湖－巴尔喀什湖的横槽。在 90°～140°E，42°～50°N 有一支准东西向强锋区。当西北欧出现"赶槽"并东移时，常引起欧亚环流形势的调整，有两种情况：（1）阻塞高压轴向转为西北—东南向，横槽断裂，西段在巴尔喀什湖或以西切断，东段为东北—西南向斜槽，自蒙古向东南移动；（2）阻塞高压破坏东移，东亚环流由纬向型转为经向型，导致冷空气南下。

地面形势：冷高压主体在萨彦岭西北部。高空横槽断裂后，冷高压出现分裂现象，常有一个中心移到蒙古中部。在贝加尔湖东部有低压生成，并有冷锋伸向蒙古中、西部。随着冷空气的东移，低压进入东北平原发展为气旋，冷锋侵入后，有时有副冷锋南下。

4.3.2　脊前下滑型

高空形势：亚州东部为一脊一槽形势，冷空气沿脊前西北或偏北气流南下时，速度较快。高空形势是：08 时，700 hPa 亚洲东部为一槽一脊形势，脊线为南北向，位于 67°～80°E，脊顶在 68°N 以北，槽线为东北—西南向，位于 110°～130°E。2012 年 3 月 23 日大风就是脊前下滑型的典型个例（图 4.4），河北全省大范围出现大风，102 站阵风在 8 级及以上，邢台市全区 13 个站在 8 级及以上，邢台市区极大风速为 14.5 m/s，邢台市最大风速为威县的 22.6 m/s。

预报指标：08 时冷中心位于东北或华北北部，500 hPa 上温度<－36 ℃，700 hPa 上<－24 ℃，850 hPa 上<－20 ℃，35°～45°N 等温线≥4 条；高空风邢台市偏北风，500 hPa 上>20 m/s，700 hPa 上>16 m/s，850 hPa 上>12 m/s；24 h 变温<－5.0 ℃；地面冷高压中心>1045 hPa，气压梯度：河北省内等压线≥6 条；3 h 变压≥4 hPa；500 hPa 垂直速度，下沉中心≥50×10^{-3} Pa/s。

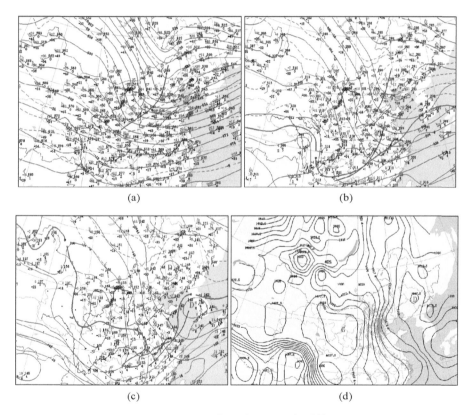

图 4.4　2012 年 3 月 23 日天气形势
(a) 500 hPa；(b) 700 hPa；(c) 850 hPa；(d) 地面

4.3.3　超极地型

高空形势：08 时，500 hPa 在 100°～125°E、50°～70°N 有冷涡，在 40°～55°N、100°～120°E 有高空槽，有超极地—北来路径的冷空气南下影响邯郸市。08 时 700 hPa 低槽位于 40°～55°N、100°～120°E。08 时地面高中心位于 45°～55°N、80°～105°E。2006 年 11 月 4 日大风

过程就属于超极地型（图 4.5），邢台、南宫观测到的极大风速分别为 11.1 和 16.1 m/s，石家庄部分县极大风为达到 8 级以上。

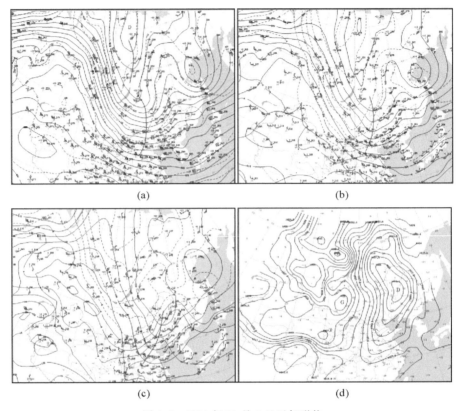

图 4.5　2006 年 11 月 4 日天气形势

(a) 500 hPa；(b) 700 hPa；(c) 850 hPa；(d) 地面

4.4　大风预报技术流程

大风预报技术流程如图 4.6 所示。

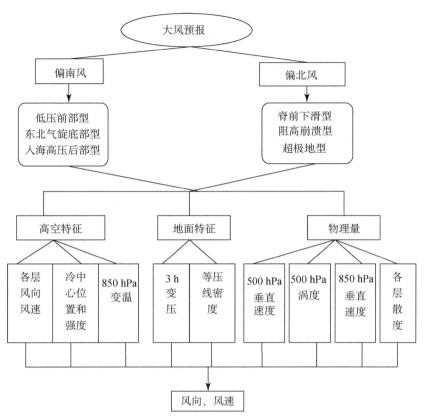

图 4.6　大风预报技术流程图

第5章 强对流天气

强对流天气通常是指伴有短时强降水、冰雹、雷暴大风、强雷电等现象的灾害性天气，造成这类天气的强对流天气系统有时称之为"强雷暴"或"强风暴"。强对流天气造成的灾害主要有三方面：一是风灾（包括雷雨大风和龙卷）；二是雹灾；三是暴雨洪涝。由于强对流天气具有突发性强、持续时间短、局地性强、破坏力大等特点，就目前的预报方法和技术水平而言，对其进行"定点、定时、定量"预报的难度相当大。因此，加强对强对流天气系统活动规律的认识，丰富预报、预警手段，提高预报准确率是亟待解决的问题。

强对流天气产生的基本条件包括水汽条件（湿舌、低空急流、高湿度辐合）、不稳定层结条件、抬升触发条件（天气尺度系统的低层辐合、低空急流、低空辐合线、负变压、地形抬升、局地受热不均匀）。其中，水汽条件所起的作用不仅是提供成云致雨的原料，而且它的垂直分布和温度的垂直分布，都是影响大气层结稳定度的重要因子。水汽和不稳定层结是发生对流天气的内因，而抬升条件是外因。另外，强雷暴需具有明显的环境风垂直切变，长生命史的强雷暴还应具有高低空急流相配合、低空逆温层、前倾槽结构、高空辐散、中空干冷空气等条件[11]。

5.1 冰雹

冰雹是一种固态降水，系圆球形或圆锥形的冰块，由透明层和不透明层相间组成。冰雹直径一般在5～50 mm，大的有时可超过10 cm。每次降雹的范围都很小，一般宽度为几米到几千米，长度为20～30 km，所以民间有"雹打一条线"的说法。冰雹灾害是由强对流天气系统引起的一种剧烈的气象灾害，具有突发性、局地性和短时性，它出现的范围虽然小，时间也比较短促，但来势猛、强度大，并常伴随着狂风、强降水、急剧降温等阵发性灾害天气过程，常给农业生产、交通、通信、电力、建筑等设施，甚至生命、财产等造成严重影响。

5.1.1 冰雹时空分布

从近30年（1981—2010年）邢台市降雹次数空间分布（图5.1）来看，隆尧县、宁晋县、巨鹿县西部以及邢台市区、南宫市为冰雹多发区，降雹区域主要分布在邢台市中北部。平乡县、广宗县、南和县、任县、威县、临西县、清河县、新河县、南宫市南部地势低洼平坦地区，海拔都在100 m以下，最低海拔仅20 m，这些区域为冰雹的少发区域。

从1981年到2010年邢台市冰雹日数年际变化曲线演变（图5.2）来看，年际变化振幅非常明显，最大值出现在1982年，有12 d出现冰雹天气，最小值出现在2000年，没有冰雹天气。从年际曲线的拟合趋势线看，每年的降雹日数呈现总体下降的趋势。多雹期为前10年，后20年为少雹期，都在平均线以下。

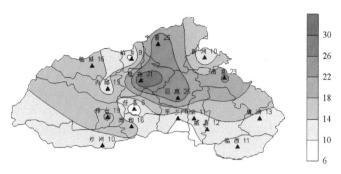

图 5.1　邢台市 1981—2010 年冰雹日数空间分布（单位：d）

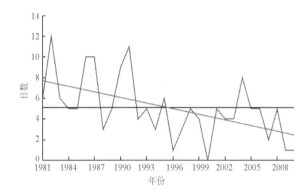

图 5.2　邢台市 1981—2010 年冰雹日数年际变化（单位：d）

（蓝线为每年出现冰雹日数；黑线为 30 年平均年出雹日；红线为拟合趋势曲线）

　　根据邢台市 1981—2010 年总冰雹日数月际变化来看，平均每年有 5.3 个冰雹日，其中 6 月最多，平均有 1.8 个冰雹日，占总降雹日的 33.75％。总冰雹日数月际分布呈现明显的单峰型，11 月—次年 2 月无冰雹出现，3 月降雹次数急剧增长，6 月达到最大后开始急剧减少，最晚持续到 10 月。由于夜间缺少观测资料，白天的资料统计，冰雹多发生在 16—18 时。

　　邢台市冰雹有两个源地，一个源地是石家庄市，主要影响北部、中部和东部；另一个源地是山西省和顺，主要影响西部山区和中南部。冰雹主要传播路径为自西北向东南、自西向东、自北向南等（图 5.3）。

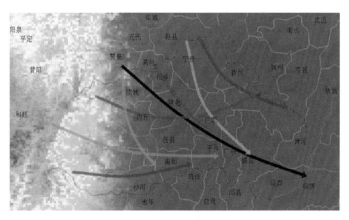

图 5.3　邢台市冰雹路径

5.1.2　冰雹天气分型

5.1.2.1　东蒙低涡型

高空形势为蒙古图东部至我国东北是较完整的低压带，贝加尔湖是高压脊。冷空气伴随着蒙古横槽摆下来。横槽位置多于乌兰巴托与呼和浩特之间。冷涡位置在 45°N 以北，此类天气形势具有建立不稳定层结的维持机制和动力强迫机制，易产生区域性的强对流天气。如果低涡位置在 45°N 以南，为华北西部涡，短历时强降水天气发生概率很高，由于水汽充分，云底较低，冰雹天气发生概率较低，当 500 hPa 有 ≤−12 ℃ 的冷温度槽控制本区域时，才有可能发生冰雹天气，大风一般为局地大风。2014 年 6 月 22 日、2016 年 6 月 14 日冰雹天气就是此型典型个例（图 5.4～5.7）。石家庄市和沧州市部分县市以及邢台市宁晋县部分乡镇在 2014 年 6 月 22 日 14—16 时出现冰雹，测站冰雹最大直径 10 mm。探空图上为上干冷、下暖湿的喇叭口形态，风垂直切变较大，雷达回波图上有多个强单体，反射率中心强度 65 dBz，径向速度图上有中尺度辐合和旋转。2016 年 6 月 14 日 16—18 时宁晋县、任县、平乡县先后出现冰雹，其中任县观测到的冰雹直径最大，为 4 cm。

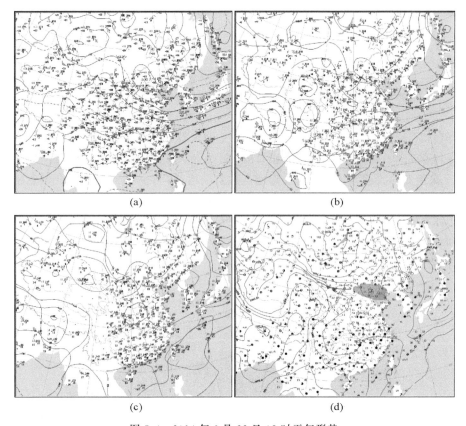

(a)　　　　　　　　　　　　　　(b)

(c)　　　　　　　　　　　　　　(d)

图 5.4　2014 年 6 月 22 日 08 时天气形势

(a) 500 hPa；(b) 700 hPa；(c) 850 hPa；(d) 地面

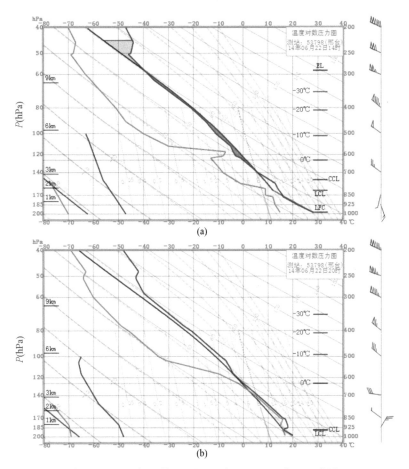

图 5.5 2014 年 6 月 22 日 14 时（a）、20 时（b）探空

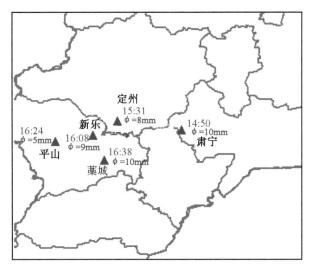

图 5.6 2014 年 6 月 22 日冰雹实况

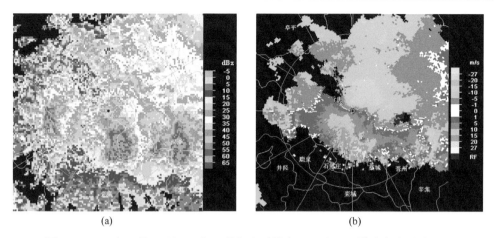

（a）　　　　　　　　　　　　　（b）

图 5.7　2014 年 6 月 22 日 16 时 24 分组合反射率（a）和 2.4°仰角径向速度（b）

5.1.2.2　西来槽型

高空 700 hPa 图上，远在河套—甘肃一带的槽或低涡东移，势力逐渐加强，将影响本地区降雹。2015 年 5 月 5 日冰雹天气就是此型典型个例（图 5.8～5.11）。5 日傍晚前后，河北省南部出现强对流天气，16—18 时石家庄市赞皇、邢台市临城县、内丘县、隆尧县陆续出现冰雹，最大冰雹直径在临城为 3 cm。邢台探空图上 08 时有逆温层，向 20 时演变过程中整层湿度增大，风垂直切变增大，用 14 时地面温度和露点对探空图进行订正，不稳定能量明显增大。石家庄市多普勒雷达回波图上表现为带有中气旋的超级单体造成冰雹天气。

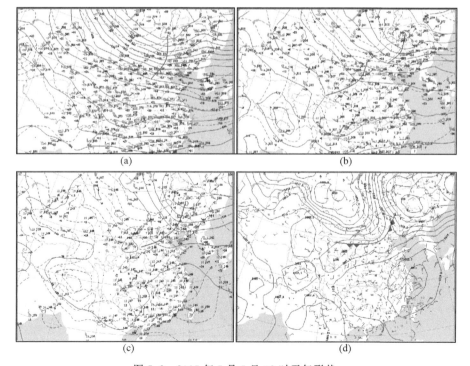

（a）　　　　　　　　　　　　　（b）

（c）　　　　　　　　　　　　　（d）

图 5.8　2015 年 5 月 5 日 08 时天气形势

（a）500 hPa；（b）700 hPa；（c）850 hPa；（d）地面

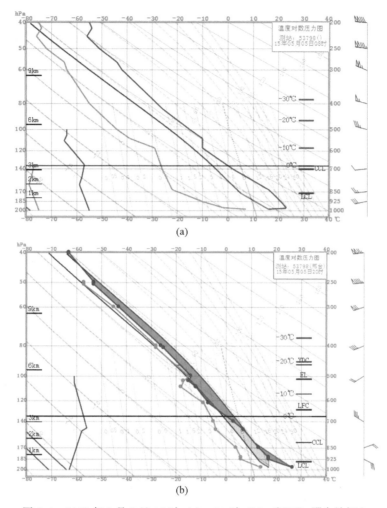

图 5.9　2015 年 5 月 5 日 08 时（a）、20 时（b）（订正）邢台站探空

5.1.2.3　西北气流型

华北上空处在冷平流中槽后西北气流控制下，天气晴朗，低层气团迅速升温，当低层有低值系统发生发展、暖平流楔入西北气流下方时，导致静力不稳定加剧。强对流发生时，对流层中高层有较大的西北风，在对流层中下层形成较大的风垂直切变和动力不稳定的环境条件。

2012 年 7 月 12 日冰雹天气就是此型典型个例（图 5.12～5.15）。12 日傍晚前后，邢台市西部、北部出现雷阵雨，任县、南和出现大风，柏乡县出现冰雹，安国站冰雹最大直径为 55 mm，据加密雨量站监测，有 1 个乡镇降水量在 50 mm 以上（内丘县五郭店 56.3 mm）。探空图上表现为典型的上干冷、下暖湿喇叭口形势，风垂直切变较大，石家庄多普勒雷达回波图上表现为带有中气旋的超级单体，有明显的三体散射"长钉"回波。

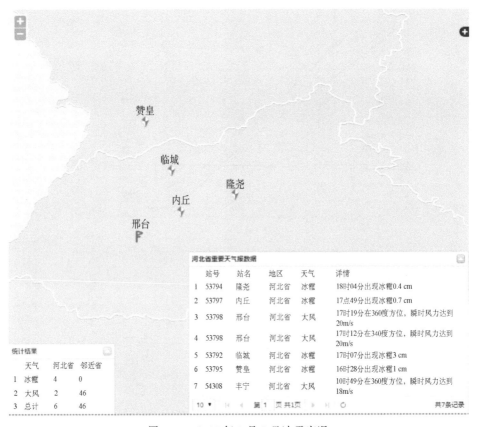

图 5.10　2015 年 5 月 5 日冰雹实况

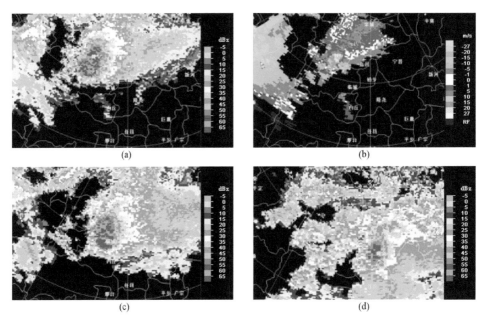

图 5.11　2015 年 5 月 5 日 16：30 组合反射率（a）、16：30 1.5°仰角径向速度（b）、
17：00 组合反射率（c）、18：00 组合反射率（d）

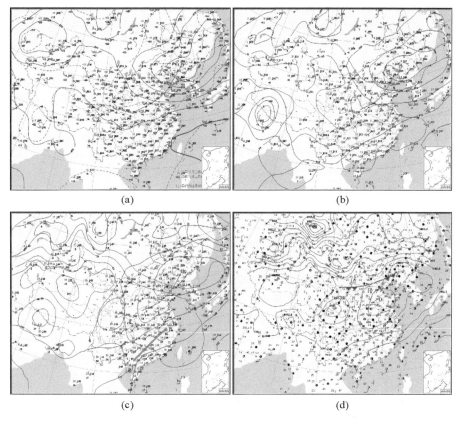

图 5.12　2012 年 7 月 12 日 08 时天气形势
(a) 500 hPa；(b) 700 hPa；(c) 850 hPa；(d) 地面

5.1.3　冰雹预报

5.1.3.1　冰雹潜势预报

冰雹预报主要有三点：(1) 不稳定条件；(2) 水汽条件；(3) 上升气流。区域性雹暴发生在大范围位势不稳定区中，中上层干冷平流与低层暖湿平流叠置区是位势不稳定度发展的主要区域；雹暴发生区低层需要有一定的水汽和水汽相对集中区；低层辐合（上升）气流与高空影响系统上升气流叠加是雹暴区不稳定能量爆发式释放的触发机制。

多数情况，当 0 ℃ 和 −20 ℃ 高度低于多年月平均值时有利于雹暴的发生。尤其是当 −20 ℃ 层偏低的程度比 0 ℃ 层更大时，就是 0 ℃ 层与 −20 ℃ 层之间的厚度比月平均值小，即这层气柱的垂直温度梯度大，更有利于发生雹暴。

雹暴天气的探空层结特征：低层湿度大，上干下湿层结、上冷下暖层结显著；对流不稳定性强；过程不稳定能量高，过程后迅速释放；动力条件表现突出；降雹时对流凝结高度降低。可降水量明显低于暴雨天气，明显上干下湿，湿层较低或无相对湿度 >80% 的湿层，降雹前后风垂直切变加大，降雹过程前后对流层顶有升高现象，降雹前后 12 h 急流不明显。高空风随高度在低层顺转、高层逆转分布。

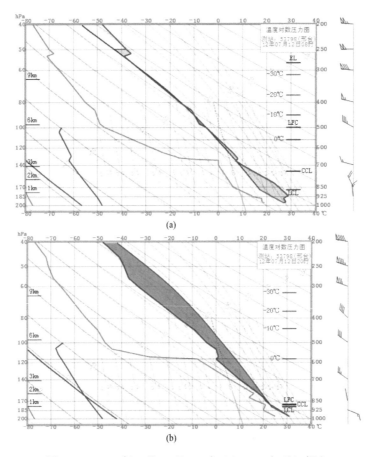

图 5.13　2012 年 7 月 12 日 08 时（a）、20 时（b）探空

图 5.14　2012 年 7 月 12 日冰雹实况

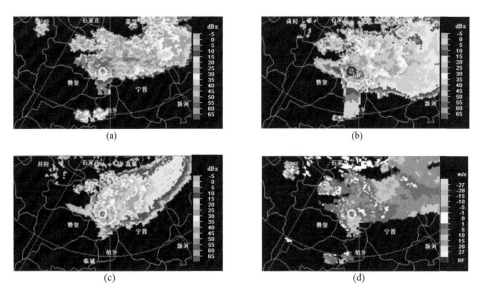

图 5.15　2012 年 7 月 12 日 19 时 18 分的 2.4°（a）、6.0°（b）、9.9°（c）
仰角反射率因子和 3.4°仰角径向速度（d）

表 5.1 为 1999—2008 年 5—8 月石家庄市、邢台市、邯郸市发生冰雹前的 08 时或 20 时的对流参数的平均值，以此作为潜势预报的对流参数指标。与雷暴大风和对流性暴雨相比，冰雹的总指数 TT 最高，沙氏指数 SI 最小，850 hPa 与 500 hPa 的 θ_{se} 差 $\theta_{se850\sim500}$ 最大；整层比湿积分 IQ 最低；冰雹日的 0 和 −20 ℃层高度平均值分别约为 4200 和 7300 gpm，也就是说冰雹需要的对流不稳定层结最强、水汽条件需求相对较少、适宜的 0 ℃和 −20 ℃层高度[12]。

表 5.1　冰雹日对流参数平均值

月份 参数	5	6	7	8
总指数（℃）	49.7	49.6	49.0	46.8
K 指数（℃）	23.1	29.7	35.2	31.2
沙氏指数（℃）	0.7	−0.9	−1.6	−0.2
整层比湿积分（g·hPa/kg）	2343	3256	4213	4036
对流凝结高度（hPa）	823.4	777.8	813	832.0
强天气威胁指数	199	203	228	175
瑞士雷暴 1	3.4	1.0	0.1	1.6
瑞士雷暴 2	4.9	2.6	1.4	2.7
湿对流有效位能（J/kg）	305	772	1416	1228
$T_{850\sim500}$（℃）	29.2	29.4	28.8	27.4

续表

月份 参数	5	6	7	8
$\theta_{se850\sim500}$（℃）	2.4	8.4	10.1	8.9
0 ℃层高度（gpm）	3771	4177	4665	4548
−20 ℃层高度（gpm）	6629	7131	7754	7723

5.1.3.2 冰雹临近预报

利用多普勒天气雷达监视冰雹天气，当雷达回波图像上出现以下特征时，应及时发布冰雹的临近预报和预警信号。

高悬的强回波：反射率因子高值区向上扩展到较高的高度，值越大，相对高度越高，产生冰雹的可能性和严重程度就越大。50 dBz 的强回波在−20 ℃对应的高度之上。

弱回波区和有界弱回波区：回波自低往高向低层入流一侧倾斜，呈现出弱回波区和弱回波区之上的回波悬垂结构。若呈现有界弱回波区，则出现大冰雹的概率几乎是 100%。

三体散射：S 波段雷达回波中三体散射的出现表明对流风暴中存在大冰雹。

中尺度涡旋：在高悬的强回波这一雹暴基本特征出现的前提下，中气旋甚至弱涡旋都会表明更高的大冰雹概率。

风暴顶强辐散：是强冰雹的辅助指标。

5.1.3.3 典型个例：2011 年 7 月 26 日冰雹

强对流天气过程简介：7 月 26 日傍晚开始到夜间，石家庄市、邢台市、邯郸市出现 26 站雷暴，4 站伴有雷暴大风，20 时 52—59 分石家庄站出现冰雹，冰雹最大直径 15 mm。

高低空影响系统：东北低涡，低空低涡切变线，地面倒槽。

探空资料特征：26 日 08 时除 CAPE 值达到强对流指标以外，其他热力和动力条件均不符合强对流天气的要求，但是到了 20 时，热力和动力条件显著加强，全部达到强对流天气指标，特别是 CAPE 值超过 4000 J/kg 以上。在 26 日白天高空位于东北的冷低涡系统稳定少动，冷涡后部冷空气在傍晚前后南下触发强对流天气。降雹时可降水量跃增到 48 mm，降雹前风垂直切变较大，降雹后减小，无急流配合，上干下湿层结明显，但无相对湿度 80% 以上的湿层，降雹时对流层顶较高（表 5.2，图 5.16）。

雷达回波特征：26 日 20 时 54 分石家庄市多普勒雷达回波图（图 5.17）上，弓形带状回波中镶嵌着数个强回波单体，最强反射率 62 dBz 以上，有回波悬垂和弱回波区特征，低仰角辐合、高仰角强辐散，VIL 为 48 kg/m^2，冰雹指数产品显示为最大冰雹直径约 10.16 cm 的绿实心三角，强冰雹和普通冰雹概率为 70% 和 100%。

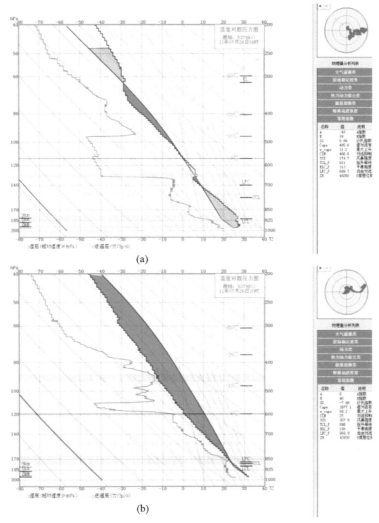

图 5.16　2011 年 7 月 26 日 L 波段探空资料

(a) 26 日 08 时；(b) 26 日 20 时

表 5.2　2011 年 7 月 26 日冰雹过程中对流参数

时间 参数	2011 年 07 月 26 日 08 时	2011 年 07 月 26 日 20 时	2011 年 07 月 27 日 08 时
总指数（℃）	38	58	46
K 指数（℃）	19	41	27
沙氏指数（℃）	5.89	−9.17	−0.49
0 ℃高度（hPa）	4726	4750	4960
−20 ℃高度（hPa）	7520	7996.9	8090
整层比湿积分（g·hPa/kg）	2233.3	4981.2	3386.8
对流凝结高度（hPa）	786	872	926

时间 参数	2011 年 07 月 26 日 08 时	2011 年 07 月 26 日 20 时	2011 年 07 月 27 日 08 时
强天气威胁指数（SWEAT）	61.3	465	191.3
瑞士雷暴 1（SWISS00）	11	−7.8	2.6
瑞士雷暴 2（SWISS12）	20.4	−6.2	5.9
湿对流有效位能（Cape）（J/kg）	775.9/（14 时 2383）	4064.5	35.2
$T_{850\sim500}$（℃）	29	30	27
$\theta_{se850\sim500}$（℃）	1	36	17
可降水量（mm）	21.3	48.2	35
低层最大风垂直切变（s^{-1}）	7.02	7	5
深层最大风垂直切变（s^{-1}）	13.17	11.99	11.59
急流	/	/	/
第二对流层顶（hPa/gpm）	/	90.8/17307	92.8/17241

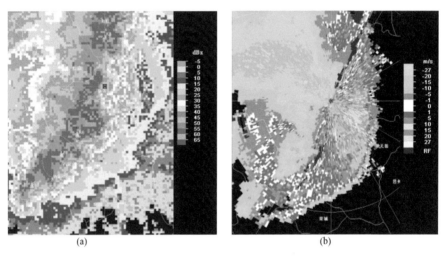

图 5.17　2011 年 7 月 26 日 20：54 雷达组合反射率（a）和 1.5°仰角径向速度（b）

5.2　雷暴大风

5.2.1　雷暴大风时空分布

年际变化明显且呈减少趋势，2001—2013 年 3—9 月共出现 122 个雷暴大风日，平均每年雷暴大风日数为 9.38 d。雷暴大风出现最多的年份为 2002、2004 和 2005 年，有 14 个雷暴大风日，出现最少的是 2013 年，只有 3 个雷暴大风日。最大值为最小值的 4.7 倍，说明邢台地区雷暴大风日数有明显的年际变化。

邢台地区的雷暴大风主要集中在 6 和 7 月,分别占总大风日数的 32％和 33％,占 3—9 月总大风日数的 65％。其次为 5、8 月,分别占总大风日数的 16％和 13％。剩下的 3、4、9 月分别占总大风日数的 1％、4％和 1％。

雷雨大风的日分布特征表现为 12—20 时发生频次最多,20 时—次日 08 时次之,08—12 时最少。

从空间分布来看(图 5.1),年平均雷暴大风日数分布邢台市西北部、西南部、东部出现次数较多,最多为临城县和清河县,年平均出现 2.6 次,威县和邢台市区出现次数最少,分别为 0.4 和 0.6 次。

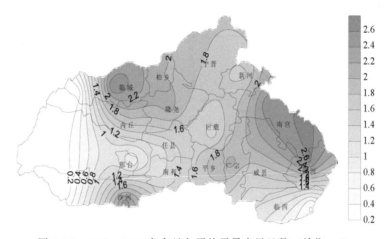

图 5.18 2001—2013 年各站年平均雷暴大风日数(单位:d)

5.2.2 雷暴大风天气分型

雷暴大风的高空形势主要有三类:冷涡冷槽类、横槽类和西北气流类。

5.2.2.1 冷涡冷槽类

冷涡位置在 45°N 以北,此类天气形势具有建立不稳定层结的维持机制和动力强迫机制,易于产生区域性的强对流天气。冰雹、雷暴大风出现的概率为四类雷暴天气型之冠。水汽通量散度辐合厚度需要超过 850 hPa。2006 年 6 月 7 日河北省南部雷暴大风就是此型典型个例(图 5.19、5.20),7 日下午,河北省有 95 个县、市出现阵雨或雷阵雨天气,最大藁城降雨量为 32 mm,雷雨时有 43 个站伴有大风;威县出现沙尘暴,新河县出现强沙尘暴;曲阳、藁城、栾城降冰雹。雷达回波图上多个中心强度＞50 dBz 的回波单体排列成东西带状,径向速度图上有中层径向辐合特征。

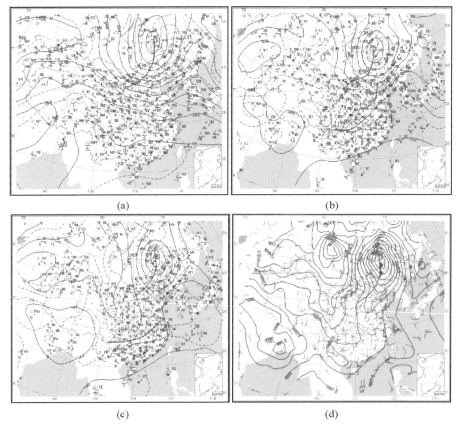

图 5.19　2006 年 6 月 7 日 08 时天气形势

(a) 500 hPa；(b) 700 hPa；(c) 850 hPa；(d) 地面

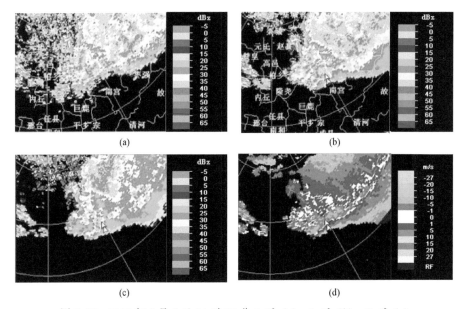

图 5.20　2006 年 6 月 7 日 14 时 27 分 0.5°(a)、1.5°(b)、2.4°(c)

仰角基本反射率和 1.5°仰角径向速度 (d)

5.2.2.2　横槽类

此类型是高空在华北北部有横槽下摆，槽后冷平流与槽前高温、高湿的环境构成对流不稳定层结，地面常配有中尺度辐合系统或中尺度切变线，极易造成雷暴大风或冰雹天气。2009年 7 月 23 日夜间河北南部出现的强对流天气就是典型个例。

2009 年 7 月 23 日 23 时—24 日 02 时邢台市铁路沿线地区出现强雷暴天气，同时伴随飑、冰雹、强降雨等强对流天气。大风区主要出现在邢台市、临城县、内丘县、柏乡县、隆尧县、任县、南和县、沙河市等铁路沿线区域，极大风速出现在任县 01 时和南和 00 时 20 分，达到 24.1 m/s。任县、南和县局部地区出现冰雹，临城县东部、柏乡县、内丘县东部、隆尧县西部、邢台市区、任县、南和县出现暴雨，最大降水量出现在任县（93.6 mm），最大雨强出现在南和 1 h 降雨量达到 81.8 mm。受极端天气影响，当地的农业、畜牧业和基础设施遭受严重的破坏，特别是河北省南部电网辛彭线南和境内 500 kV 线路 129 至 136 号 8 座铁塔倒塌、7 条 220 kV 线路跳闸、6 条 110 kV 线路跳闸，35 kV 变电站共停运 18 座、35 kV 线路故障 21 条次，10 kV 线路故障 340 条次。

2009 年 7 月 23 日 20 时（图 5.21），亚欧中高纬度为二槽二脊形势，500 hPa 图上，在东北地区有一呈东西带状分布的冷涡，从冷涡中心向西有一横槽位于 45°N 附近。河北省处于西北气流中。850 hPa 上河北和山西交界处有一低涡，低涡的东南象限，西南风和东南风间存在横切变，邢台处于 200 hPa 急流轴穿过河北南部。由于河北南部正处于急流出口的左侧，低层辐合和高层的强辐散叠加，故有利于深对流的发展。从温度场配置来看，在 500 hPa 上，河北

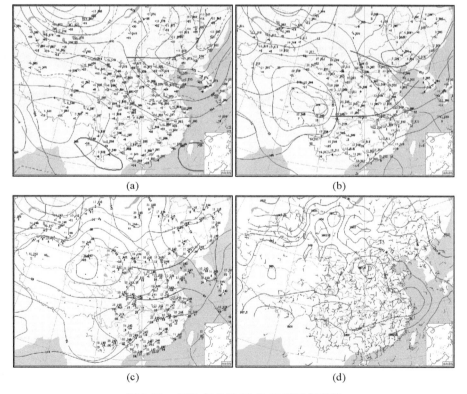

(a)　　　　　　　　　　　　　(b)

(c)　　　　　　　　　　　　　(d)

图 5.21　2009 年 7 月 23 日 20 时天气形势

(a) 500 hPa；(b) 700 hPa；(c) 850 hPa；(d) 地面

省和山西省处于冷温度槽中，温度槽位于河北省和山西省交界处，850 hPa 上，东北地区受冷气团控制，其他地区受暖气团控制，而河北省南部正处于冷暖气团的交界处，温度脊呈东西向，邢台市正好位于温度脊上，而且邢台市露点温度远高于周围探空站，存在明显湿区。700～500 hPa 温度差显示，大值中心位于河北省南部和山西南部。上述分析说明，河北省南部中低层存在明显的暖湿中心而高层处于冷温度槽中，存在很强的热力不稳定条件。

　　2009 年 7 月 23 日邢台市超级单体风暴是在中到强的热力不稳定（对流有效位能 1700 J/kg）和中低层强风切变（地面～500 hPa，20 s^{-1}）的环境下发展起来的。孤立的对流单体遇到旧雷暴形成出流边界后迅速发展成为多单体风暴。出流边界前侧风垂直切变加大及其后侧冷池的加强是促进中气旋迅速形成的重要原因。强降水超级单体风暴的演变可以归结为普通单体、强降水超级单体及弓形回波三个阶段，属于典型的右移风暴。在超级单体风暴初期有两个强反射率因子中心，具有多单体风暴特征，每个强反射率因子中心都有独立的前侧入流缺口和有界弱回波区。强降水超级单体风暴在初期又具备典型超级单体风暴的特征，低层（约 2.5 km 高度处）有典型的钩状回波、明显的回波悬垂和有界弱回波区。中气旋被强降水区包围，在 2.4 km 高度附近首先观测到中气旋（兰金模型结构），随后中气旋向上向下发展，旋转非常强，最高达到 5 km，最大旋转速度为 27 m/s，达到强中气旋标准（图 5.22）[13]。

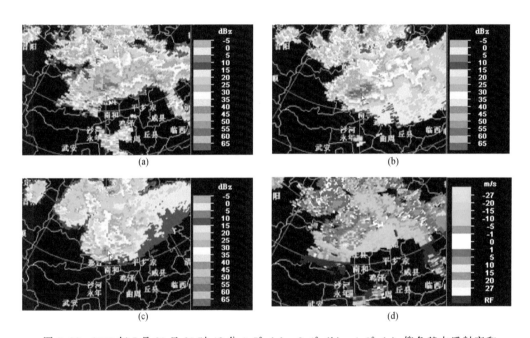

图 5.22　2009 年 7 月 23 日 23 时 48 分 0.5°（a）、2.4°（b）、4.3°（c）仰角基本反射率和
0.5°仰角径向速度（d）

5.2.2.3　西北气流类

　　此类天气，华北上空处在冷平流中槽后西北气流控制下，天气晴朗，低层气团迅速升温，当低层有低值系统发生发展、暖平流楔入西北气流下方时，导致静力不稳定加剧。强对流发生时，对流层中高层有较大的西北风，在对流层中下层形成较大的风垂直切变和动力不稳定的环境条件。此类冰雹、大风发生概率仅次于冷涡型，短历时强降水的发生概率也较低。2011 年 6 月 7 日午后大范围雷暴大风就是典型的西北气流型（具体分析见 5.2.4 节）。

5.2.3 雷暴大风预报

雷暴大风的潜势预报，首先判断高、低空形势是否符合大风的概念模型，再结合探空资料计算的对流参数，对照表 5.3（1999—2008 年资料统计）判断是否符合雷暴大风指标。

表 5.3 对流参数预报指标平均值

参数 月份	5 月	6 月	7 月	8 月
总指数（℃）	48	49.5	46.6	46.2
K 指数（℃）	19.9	28.5	33.0	32.6
沙氏指数（℃）	1.5	−0.7	−0.6	−0.4
整层比湿积分（g·hPa/kg）	1987	3123	4516	4434
对流凝结高度（gpm）	750	749	844	857
强天气威胁指数	122	205	211	208
瑞士雷暴 1	3.8	1.0	1.0	1.7
瑞士雷暴 2	5.5	2.9	2.5	2.9
湿对流有效位能（J/kg）	167	653	1183	10123
$T_{850\sim500}$（℃）	31.3	31.1	27.0	26.9
$\theta_{se850\sim500}$（℃）	1.6	6.6	9.1	8.7

造成雷暴大风的雷达回波类型，主要有超级单体和弓形回波。在超级单体风暴中，灾害性的地面大风通常发生在后侧下沉气流区（RFD）内，也是中气旋的出流区。弓形回波的尺度比超级单体大，且有时有超级单体环流嵌在其中，它有可能产生龙卷和强对流阵风。弓形回波的长度为 15～150 km。

关于雷暴大风临近预报，主要指标是：（1）中层径向辐合（如伴有中气旋，常常意味着加强的大风潜势）；（2）弓形回波、阵风锋窄带回波；（3）在距离雷达 70 km 以内时，低层的径向速度大值区；（4）反射率因子核心高度迅速下降，伴随 VIL 值或迅速下降。

图 5.23 中两次雷暴大风回波图中可以看到弓形回波（2006 年 6 月 28 日 02 时）和超级单体前侧阵风锋窄带回波（2012 年 7 月 12 日 17 时）。

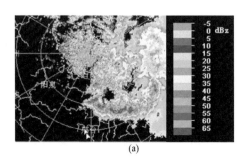
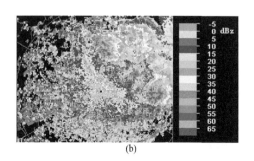

图 5.23 2006 年 6 月 28 日 02 时弓形回波（a）和 2012 年 7 月 12 日 17 时超级单体和窄带回波（b）

典型个例：2011年6月6和7日午后大范围雷暴大风。

强对流天气过程简介：6和7日午后到傍晚，石家庄市、邢台市、邯郸市分别出现49站和48站雷雨天气，其中10站和22站伴有短时大风，无其他强对流天气。

高、低空影响系统：6日500 hPa为高空槽，7日槽后西北气流，低空有切变线，东蒙冷涡后持续不断有冷空气南下，地面为冷锋系统影响。

探空资料特征：从整个雷暴大风天气过程来看，热力和动力条件指数并不高，但从大风前的6日08时明显看到有改善的特征，总指数加大、强天气威胁指数加大、瑞士雷暴减小、$\theta_{se850\sim500}$转为正值为对流不稳定，$T_{850\sim500}$维持较大数值即持续上冷下暖的层结。期间整层比湿积分维持较低数值，对流凝结高度较高，表明雷暴大风对水汽条件没有较高要求，也不需要低的对流凝结高度，这是与强降水相伴的雷暴天气明显不同的特征（表5.4，图5.24、5.25）。

表 5.4　2011 年 6 月 6—7 日雷暴大风过程中对流参数

日期　　　　　参数	2011 年 06 月 05 日 20 时	2011 年 06 月 06 日 08 时	2011 年 06 月 06 日 20 时	2011 年 06 月 07 日 08 时	2011 年 06 月 07 日 20 时
总指数（℃）	41	46	46	41	43
K 指数（℃）	25	16	25	15	13
沙氏指数（℃）	4.82	1.54	2.07	4.71	3.71
整层比湿积分（g·hPa/kg）	2647.2	2709.7	2674.2	1549.8	1934.5
对流凝结高度（hPa）	725	736	753	712	697
强天气威胁指数	54.8	144.3	94.7	46.7	75.8
瑞士雷暴 1	6.6	3.4	3.9	7.2	5.9
瑞士雷暴 2	7.4	5.7	6.3	9.6	10.5
湿对流有效位能（J/kg）	12.6	0（14 时 924）	12.1	0.5（14 时 1844）	34
$T_{850\sim500}$（℃）	30	29	31	32	32
$\theta_{se850\sim500}$（℃）	−6	2	−1	−1	−2
可降水量（mm）	28.3	28.4	27.7	17	19.8
低层最大风垂直切变（s^{-1}）	11.43	15.03	15.99	8.96	19.95
深层最大风垂直切变（s^{-1}）	14.75	17	21.77	17.35	26.44
急流	边界层西南急流	边界层西南急流	/	/	低空西南急流
第一对流层顶（hPa/gpm）	183/12827	/	/	218/11580	185/12642
第二对流层顶（hPa/gpm）	99.3/16645	93.7/16951	122/15196	87.4/17361	83.1/17536

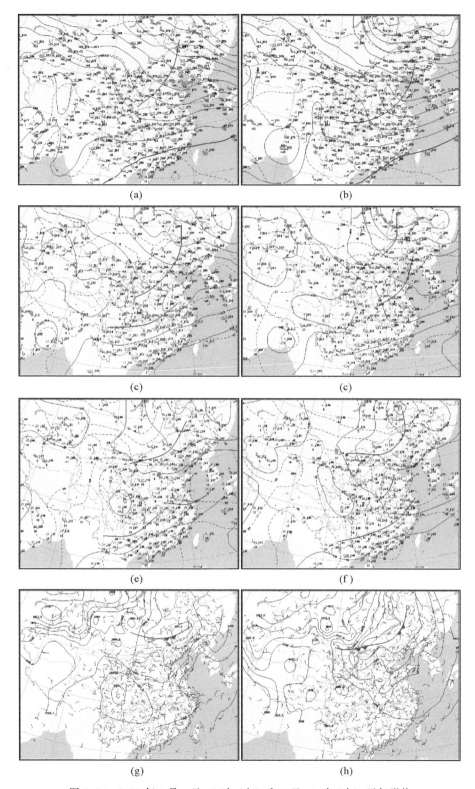

图 5.24　2011 年 6 月 6 日 08 时（左）和 7 日 08 时（右）天气形势

（a）6 日 08 时 500 hPa；（b）7 日 08 时 500 hPa；（c）6 日 08 时 700 hPa；（d）7 日 08 时 700 hPa；

（e）6 日 08 时 850 hPa；（f）7 日 08 时 850 hPa；（g）6 日 08 时地面；（h）7 日 08 时 500 hPa 地面

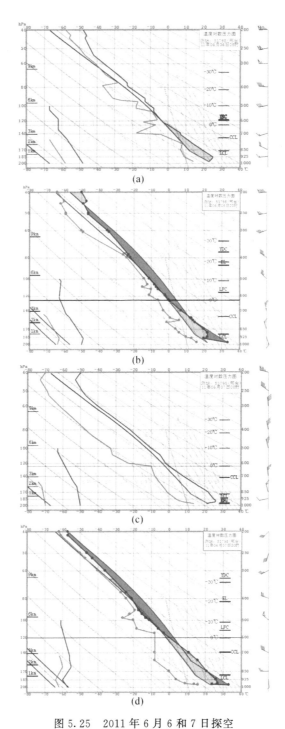

图 5.25　2011 年 6 月 6 和 7 日探空
(a) 6 日 08 时；(b) 6 日 20 时（订正）；(c) 7 日 08 时；(d) 7 日 20 时（订正）

可降水量不大，过程最大为 28 mm，过程持续的第二天可降水量明显下降，湿层出现在中高层；风垂直切变在大风开始前明显增大，过程中有所起伏，过程前期有边界层西南急流，过程后期有低空西南急流，对流层顶气压在过程中减小。

雷达回波图上，表现为多单体和带状回波影响，径向速度图上，低仰角有大风核或速度辐散（图 5.26）。

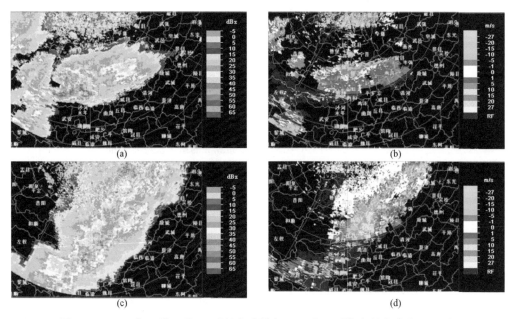

图 5.26　2011 年 6 月 6 日 19 时组合反射率（a）和 0.5°仰角径向速度（b）和
7 日 19 时组合反射率（c）和 0.5°仰角径向速度（d）

5.3　短时暴雨

5.3.1　短时暴雨时空分布

2001—2010 年出现雨强不小于 20 mm/h 的站次分布特点是西北和东南多（图 5.27），最多的是清河县（31 次）。傍晚和午夜出现次数较多，最常出现在 20 时（图 5.28）。雨强大于等于 50 mm/h 的站次：邢台市区最多（4 次），沙河市和新河县次之（3 次），出现在 16 时最多（图 5.29）。

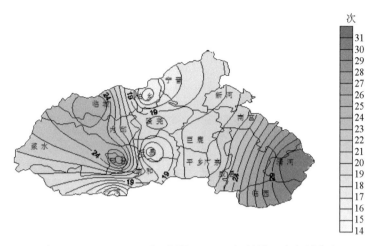

图 5.27　2001—2010 年雨强≥20 mm/h 的站·次空间分布

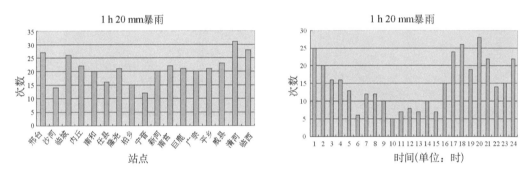

图 5.28　2001—2010 年雨强≥20 mm/h 的市县站—次数和逐小时—次数分布图

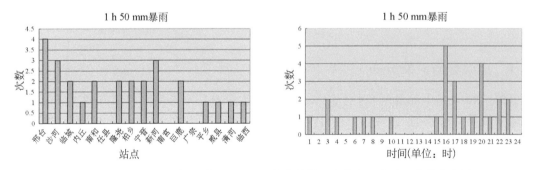

图 5.29　2001—2010 年雨强≥50 mm/h 的市县站—次数和逐小时—次数分布图

5.3.2 短时暴雨预报

短时暴雨的预报，首先判断高低空形势是否符合暴雨的天气概念模型，再利用探空资料计算的对流参数，对照表 5.5（1999—2008 年资料统计）判断是否符合短时暴雨潜势指标，最后结合天气雷达图像判断是否有较高的降水效率和较长的持续时间，如反射率强度在 50 dBz 以上、液态积分水含量＞25 kg/m² 、径向速度图上有逆风区或辐合、径向速度图上可以识别出低空急流、回波单体后向传播（列车效应）等。

表 5.5　短时暴雨前 08 或 20 时对流参数平均值

参数 ＼ 月份	5 月	6 月	7 月	8 月
总指数（℃）	46.9	48.7	44.7	44.4
K 指数（℃）	18.8	32.0	34.0	34.1
沙氏指数（℃）	1.0	−1.3	−0.2	−0.2
整层比湿积分（g·hPa/kg）	2892.2	3917.7	5000.9	5047.1
对流凝结高度（gpm）	831.0	821.8	877.9	889.4
强天气威胁指数	173.8	238.0	222.4	218.7
瑞士雷暴 1	3.6	0.3	1.3	1.3
瑞士雷暴 2	6.7	1.8	2.2	2.2
湿对流有效位能（J/kg）	217.4	763.6	1060.7	1154.6
$T_{850\sim500}$（℃）	26.5	27.8	24.8	24.5
$\theta_{se850\sim500}$（℃）	2.4	8.3	6.9	8.1

短时强降水回波可以粗略地分为高质心的大陆强对流型和低质心的热带降水型。对于大陆强对流型降水一般发生在风垂直切变较大和/或中层有明显干空气的环境中，对流很深厚，强回波可以发展到较高高度，雷暴中大粒子较多（大雨滴、霰、冰雹），粒子数密度相对较稀，质心位置较高；而热带降水型最典型的就是热带气旋，其对流结构表现为强回波主要集中在低层，雷暴中以雨滴为主，密度很大，质心位置较低。热带降水型不止局限于热带气旋等起源于热带海洋上的对流系统，有不少大陆起源的对流降水系统例如多数的梅雨锋降水系统和不少发生在盛夏的中高纬度对流降水系统，也具有低质心的热带对流系统的结构，也都称为热带降水型。表 5.6 给出了当反射率因子分别为 40、45 和 50 dBz 时对应的大陆强对流降水型和热带降水型的雨强，对于同样的反射率因子，大陆强对流降水型明显低于热带降水型的雨强，反射率因子差异越大，雨强差异越大。针对 2009—2015 年石家庄站雷达 100 km 范围内国家站小时降水量超过 50 mm 的极端短时强降水雷达回波特征进行统计，多为低质心热带型回波，多个回波单体以列车形式通过降水区，其中最强的回波单体质心强度在 50 dBz 以上，质心高度多在 5 km 以下，垂直累积液态水含量 17～47 kg/m² ，平均超过 35 kg/m² ，径向速度图上有切变或辐合，单体移动速度在 30～70 km/h。高质心大陆强对流型较少，回波质心强度超过 60 dBz，质心高度在 6 km 以上，垂直累积液态水含量超过 60 kg/m² ，含有中气旋结构，移动速度较慢，低于 50 km/h。当监测到雷达回波出现上述情况时，结合环境条件及时做出强降水的短时临近预报[14]。

表 5.6 不同反射率因子对应的大陆强对流降水型和热带降水型的雨强

反射率因子 / 降水类型	40 dBz	45 dBz	50 dBz
大陆强对流降水型	12 mm/h	28 mm/h	62 mm/h
热带降水型	20 mm/h	50 mm/h	130 mm/h

典型个例：2013 年 7 月 1 日午后至 2 日上午，河北省、京津地区、辽宁省以及内蒙古自治区和山西省部分地区出现一次区域性暴雨和局地大暴雨过程，其中华北地区的河北省、京津以及内蒙古自治区与山西省局部有 40 个国家级观测站 24 h 累计降水量超过 50 mm，其中 10 个站降水超过 100 mm，河北邢台市宁晋县国家级站测到 213 mm。最强的局地极端降水出现在河北省邢台市宁晋县四芝兰镇（区域自动站），24 h 过程雨量为 409 mm，其中 17—19 时连续 2 h 的小时降水量超过 100 mm（图 5.30）。日雨量在河北省南部 20 世纪 50 年代有气象站记录以来仅次于著名的"63·8"暴雨中 4 日 08 时—5 日 08 时的 865 mm（獐獏）和 534 mm（郝庄），而此次降水连续 2 h 雨强超过 100 mm/h 更为罕见，而该站累计降水量 409 mm 也是整个区域的极值[8]。

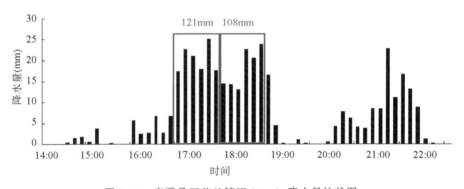

图 5.30 宁晋县四芝兰镇逐 10 min 降水量柱状图

从图 5.31 给出的宁晋极端降水区反射率因子演变过程可以看出，在发展成熟的雷暴母体的西南，不断有新的单体生成（传播），新单体一旦生成就沿着风暴承载层平均风向着东北偏东方向移动（平流），新单体的触发机制是母单体的阵风锋与来自南边的偏南暖湿气流之间的辐合所导致。这种现象称为雷暴的后向扩展或后向传播。雷达回波主体的移动是平流和传播的矢量和，平流指每个雷暴单体沿着风暴承载层平均风的移动，在本例子中是向着东北偏东方向；而传播是指由于在某一侧不断有新的雷暴生成而产生的传播效应，是向着西南略偏西方向。在这个例子中，平流被传播在相当程度上抵消，因此极端降水区的回波主体移动非常缓慢，导致较长的降水持续时间，而回波一直较强，因而雨强也大，最终导致宁晋地区的极端降水事件。四芝兰站点（黑色圆圈）在 2 h 期间，始终维持较强回波因而保持较强雨强。从另一个角度看，有单体不断在固定一侧（西南端）新生、成熟、沿着风暴承载层移动，每个单体相继从代表四芝兰镇的黑色小圆圈移过，Doswell 等将这种现象称为"Cell Training"，即所谓"单体的列车效应"。

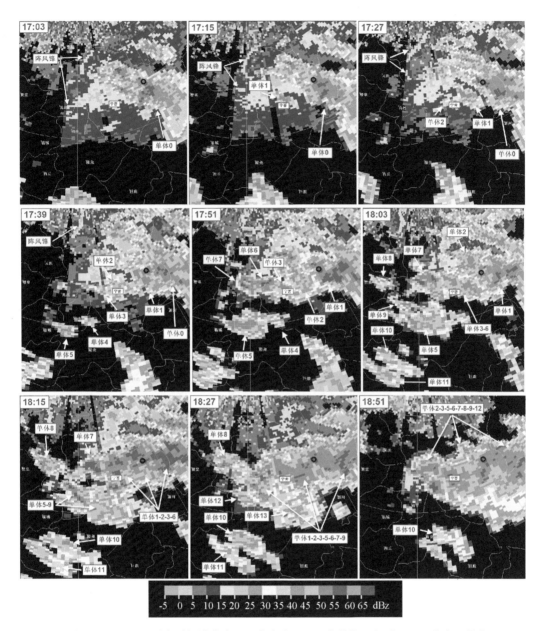

图 5.31 7 月 21 日 17—19 时宁晋极端降水区石家庄市 SA 型多普勒天气雷达 1.5°仰角反射率因子演变

5.4 雷暴

5.4.1 雷暴时空分布

雷电灾害是邢台市较严重的自然灾害之一。雷电以其巨大的破坏力给人类社会带来惨重的灾难，尤其是近几年随着电子技术、网络技术、信息技术的广泛应用，城市高层建筑物的日益增多，雷电灾害的影响范围越来越广，危害程度越来越重，造成损失及社会影响越来越大，对国民经济造成的危害日趋严重。据不完全统计，邢台市仅 2011 年就发生雷电灾害 11 起，其中人员受伤 2 起，死亡 1 人；电子器件受损 4 起，448 件毁坏；直接经济损失约 24.8 万元，间接损失约 7 万余元，主要涉及电力、通信等行业。

　　通常对雷电活动的频繁程度进行定量分析，采用"雷暴日"这个计量单位，在一天内，只要听到雷声（一次或一次以上）就算一个雷暴日。根据历史资料（1981—2010 年）统计，邢台市雷电最早出现在 1983 年 1 月 7 日，出现在邢台市柏乡县。最晚出现在 1999 年 11 月 14 日，出现在邢台市的新河县和南宫市。年平均最多出现次数 30.8 次，站点为临城县，最少出现次数为 21.5 次，站点为威县和广宗县；邢台市年平均雷暴日为 24 d，年最多雷暴日为 34 d（1990 年），年最少雷暴日为 16 d（2010 年）（图 5.32）。每年夏季是雷暴高发期，冬季雷电很少发生。进入盛夏，持续的高温天气有利于不稳定能量积聚，一旦有弱冷空气渗透，极易促发雷暴积雨云的发生、发展，9 月凉风渐起，雷暴天气骤减。统计资料显示，6 月平均发生雷电次数为 5.6 次，占总数的 22.9%；7 月为 6.7 次，占总数的 27.6%；8 月为 5.3 次，占总数的 21.7%。每日的傍晚到前半夜的为雷电高发期，18—19 时是雷暴出现的峰值时段。

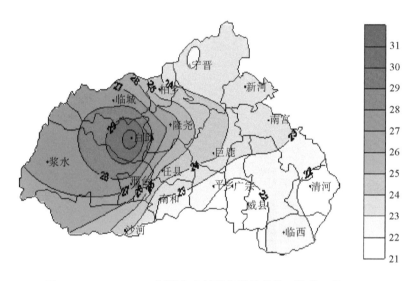

图 5.32　1981—2010 年邢台市年平均雷暴日数（单位：d）

5.4.2　雷暴预报

　　雷暴天气的预报，首先根据高低空天气形势和表 5.7（1999—2008 年资料统计）对流参数指标判别 12～24 h 是否有雷暴的发生潜势，临近预报监视卫星云图和雷达回波图像上是否有积云回波生成、发展，如雷达反射率强度超过 35 dBz，回波顶高超过 6 km，液态积分水含量超过 10 kg/m²。

表 5.7　雷暴天气前 08 或 20 时对流参数平均值

月份 参数	5	6	7	8
总指数（℃）	47.5	48.1	45.4	44.6
K 指数（℃）	24.4	28.8	32.8	30.8
沙氏指数（℃）	1.2	0.0	−0.4	0.5
整层比湿积分（g·hPa/kg）	2633	3215	4739	4412
对流凝结高度（gpm）	782	775	871	864
强天气威胁指数	172	185	219	197
瑞士雷暴 1	3.4	1.8	1.2	2.1
瑞士雷暴 2	4.9	3.6	2.4	3.3
湿对流有效位能（J/kg）	397	454	1064	887
$T_{850\sim500}$（℃）	28.8	29.2	25.5	25.4
$\theta_{se850\sim500}$（℃）	1.6	5.4	7.7	5.6

5.5　强对流天气预报技术流程

强对流天气预报技术流程如图 5.33 所示。

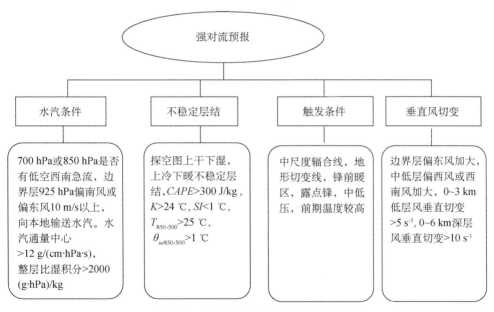

图 5.33　强对流天气预报技术流程图

第 6 章 寒潮

根据气象标准规定，寒潮标准为：某地日最低气温 24 h 内降温幅度≥8 ℃，或 48 h 内降温幅度≥10 ℃，或 72 h 内降温幅度≥12 ℃，而且该地日最低气温下降到 4 ℃ 或以下，称之为一次寒潮天气过程。寒潮天气的主要特点是剧烈降温和大风，有时还伴有雨、雪、雨凇或霜冻。

河北省的寒潮标准是：（1）寒潮：某站①日最低气温≤4 ℃。②日平均气温 24 h 下降≥6 ℃；48 h 下降≥8 ℃；日最低气温 24 h 下降≥8 ℃；48 h 下降≥10 ℃。满足①且满足②四种情况之一，则定该站日为寒潮。（2）强寒潮：某站①日最低气温≤4 ℃。②日平均气温 24 h 下降≥8 ℃；48 h 下降≥10 ℃；日最低气温 24 h 下降≥12 ℃；48 h 下降≥16 ℃。满足①且满足②四种情况之一，则定该站日为强寒潮。（3）强冷空气过程：对于明显降温天气过程，降温幅度和最低气温达不到寒潮标准，定义为强冷空气过程。当全省有 1/3 站同时或顺序出现寒潮天气，就定为全省性寒潮。

6.1 空间分布特征

据统计，1981—2010 年邢台达到寒潮标准最多的站为内丘站（213 次），其次是清河站（181 次），最少为邢台站（51 次），由图 6.1 可以看出，西北部地区（内丘、柏乡）和东南部地区（威县、清河、临西、平乡）为寒潮天气相对多发区和易发区。

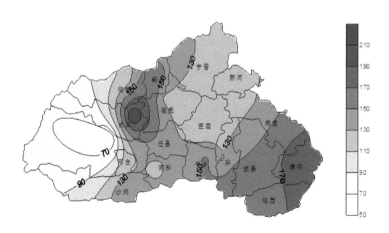

图 6.1 1981—2010 年邢台市各站发生寒潮次数分布（单位：次）

6.2　影响系统分型

2002—2009 年，邢台市全区范围的寒潮过程有 2 次，分别是 2008 年 12 月 5 日和 2009 年
1 月 23 日；10 站以上达到寒潮标准的过程有 2 次，分别是 2004 年 11 月 12 日和 2009 年 11 月
2 日，达到寒潮标准的站点数分别为 12 和 14 站。从高空影响系统来看，2008 年 12 月 5 日和
2004 年 11 月 12 日寒潮过程属于小槽发展型，2009 年 1 月 23 日和 2009 年 11 月 2 日寒潮属于
横槽转竖型。

6.2.1　小槽发展型

其主要特点为：500 hPa 上最初在新地岛附近或西欧出现一小槽，该槽在东移过程中逐渐
发展，随着乌拉尔山长波脊在 50°～80°E（有时在约 90°E）建立，脊前的西北气流和冷平流将
大幅度加强，促使位于其前部的小槽在东移过程中明显发展，最后取代东亚大槽。此发展过程
分为三个阶段：乌拉尔山高压脊形成、不稳定小槽东移到西伯利亚地区发展、低槽东移加深到
达东亚大槽平均位置。这三个阶段不一定顺次出现，有时第一、二阶段同时出现，有时二、三
阶段同时出现。要点：（1）乌拉尔山有长波脊建立，（2）小槽在东移过程中明显发展，（3）更
替东亚大槽。

2008 年 12 月 5 日和 2004 年 11 月 12 日寒潮过程均属于小槽发展型。以 2008 年 12 月 5 日
为例（图 6.2），巨鹿 24 h 降温幅度最大，下降 15 ℃，其他各站降温幅度为 8～13 ℃，降温幅
度比较大的区域主要集中在东部平原地区以及西部的内丘县，而东北部和西南部地区降温幅度
相对小一些。图 6.3 为 2008 年 12 月 1—5 日小槽发展型寒潮个例中的 500 hPa 小槽和地面冷
锋动态图，从系统的演变中可以看出小槽发展、东移、引导冷空气南下，引发寒潮的过程。

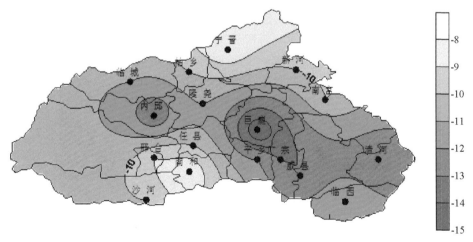

图 6.2　2008 年 12 月 5 日寒潮过程降温情况（单位：℃）

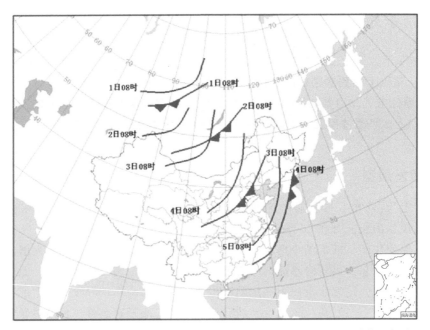

图 6.3　2008 年 12 月 1—5 日小槽发展型寒潮 500 hPa 小槽（实线）和地面冷锋（锯齿线）演变

6.2.2　横槽型

横槽型包含横槽转竖、横槽旋转南下、低层变形场作用三种形式，横槽转竖最为常见。2009 年 1 月 23 日和 2009 年 11 月 2 日寒潮都是横槽转竖型。

横槽转竖型的特点是：高空图上乌拉尔山地区有阻塞高压或乌拉尔山高压脊北部向东发展（脊线呈 NE-SW 走向），切断正常的西风环流，使亚洲高纬度地区出现北高南低的形势。脊前东北气流或者阻塞高压底前部的东北气流与西风气流之间在亚洲东部形成横槽，横槽以南为平直西风环流。东北气流引导贝加尔湖北部的较强冷空气向西南输送，在横槽后部堆积，有时与从欧洲移过来的冷空气合并加强。当乌拉尔山高压脊或阻塞高压发生变化，导致其前部偏东气流转为西北或偏北气流时，横槽趋于转竖，其南部的环流由纬向转为经向，经向环流发展将引导横槽后部强冷空气大举南下引发寒潮。

该型冷空气源地偏东，取超极地路径，冷空气在贝加尔湖地区积聚，从关键区侵入我国的路径视横槽位置偏西还是偏东才能具体确定，但多取西北路径。横槽建立后天气形势相对稳定，横槽和锋区缓慢南压，通常为 1～2 个纬距/d，该型寒潮的爆发取决于横槽何时转竖。促使横槽转竖的条件有：（1）冷中心、负变高区移到槽前，横槽后转为暖平流并有明显正变高；（2）横槽后部东北风转为北风或西北风，风速加大；（3）阻塞高压崩溃或不连续后退；（4）长波调整。

以 2009 年 1 月 23 日寒潮为例，此次是全区范围的寒潮过程，南和站 24 h 降温幅度最大，下降 13 ℃，其他各站降温幅度为 8～12 ℃，从图 6.4 可以看出，降温幅度比较大的区域主要集中在东部和南部地区，而铁路沿线以西地区降温幅度相对偏小。图 6.5 为 2009 年 1 月 21—23 日寒潮过程的 500 hPa 横槽转竖和地面冷锋动态图，从系统的演变中可以看横槽转竖引导冷空气南下从而引发寒潮的过程。

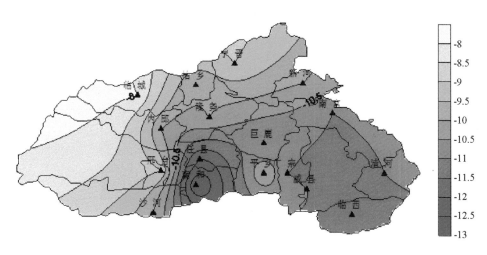

图 6.4 2009 年 1 月 23 日寒潮过程降温情况（单位：℃）

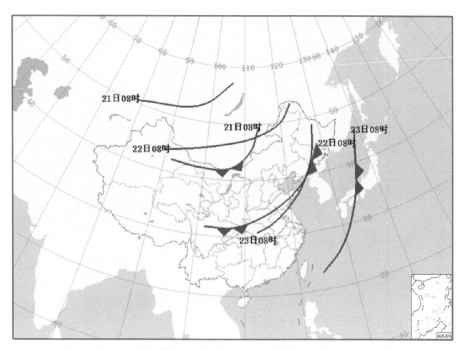

图 6.5 2009 年 1 月 21 日—23 日横槽转竖型寒潮 500 hPa 低槽（实线）和地面冷锋（锯齿线）演变图

6.3 寒潮预报技术流程

寒潮预报技术流程如图 6.6 所示。

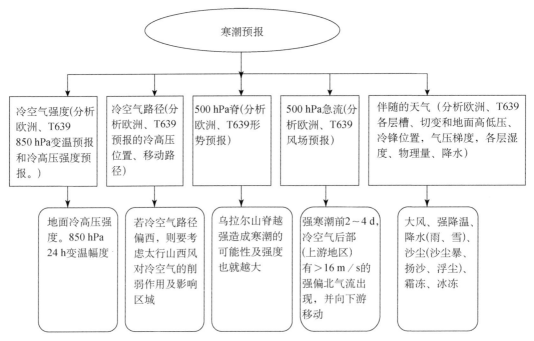

图 6.6　寒潮预报技术流程图

第7章　大雾和霾

7.1　大雾

大雾是指大气中因悬浮的水汽凝结，能见度低于 1000 m 时的天气现象。雾是种灾害性天气，被国际上列为十大灾害天气之一。它的直接危害是由于能见度低，威胁海、陆、空交通安全，这类事故不胜枚举。它还能对输电线路和露天电气设备的绝缘体造成影响，甚至酿成事故。同时大雾造成空气中的水汽、尘埃和其他污染物不容易向高空扩散，只能滞留在近地面当雾滴消散后，污染物便全部进入空气中，造成严重的污染，直接危害人体健康。

7.1.1　时空分布特征

根据近 30 年大雾发生次数的统计（图 7.1），邢台市大雾易发区主要集中在宁晋县、柏乡县附近地区，其中宁晋县 30 年大雾总次数为 1593 次，年均 53.1 次，最少为邢台市区 465 次，年均 15.5 次。

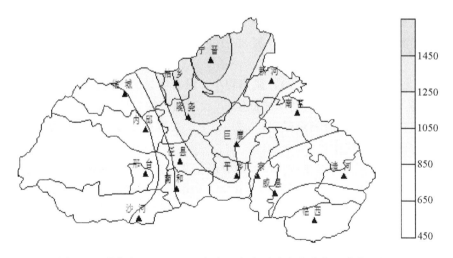

图 7.1　邢台市 1981－2010 年各县市大雾总次数分布（单位：次）

大雾具有明显的季节性，以秋、冬季最为明显。以邢台市区为例，其中 10 月发生大雾 45次，年均为 1.5 次，占大雾总次数的 9.7％，11 月发生大雾 83 次，年均为 2.7 次，占大雾总次数的 17.9％，12 月发生大雾 111 次，年均为 3.7 次，占大雾总次数的 23.8％（图 7.2）。

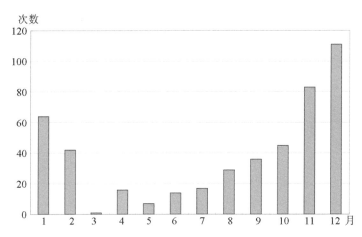

图 7.2　1981—2010 年邢台市区 30 年大雾次数月分布（单位：次）

7.1.2　影响系统分型和预报指标

大雾预报主要从大雾形成、维持和加强的有利天气条件考虑。形成条件：晴朗微风夜晚、空气中相对湿度大、有逆温层结。维持和加强条件：没有较强冷空气入侵或较强冷空气入侵之前对流层低层有较强的暖平流。

根据关键区亚洲 35°～40°N 附近当日影响邢台市的 500 hPa 环流形势，将邢台市大雾形成时的天气形势分为三种类型：平直环流、低槽型、弱西北气流控制型，结合考虑低层形势、地面场形势、气象要素、物理量场等特征，来进行大雾预报。

（1）平直环流型：当日 500 hPa，亚洲 35°～40°N 附近环流平直，没有明显槽、脊。此型易产生辐射雾。

低层形势：850 hPa（或 925 hPa），风速较小，没有明显的湿区。

地面形势场：气压场较弱（弱高压或低压），没有明显的 3 h 变压。

地面气象要素：前日 14 时相对湿度在 40% 以上，或露点温度与预报的第二天早晨的最低气温接近，或前日有弱的降水。

探空曲线：有明显的等温层或逆温层，边界层比湿线接近层结曲线。

（2）低槽型：当日 500 hPa，亚洲 35°～40°N、110°E 附近有低槽，邯郸市位于槽前，偏南气流控制。此型易产生平流雾或混合雾。

低层形势：当日 850 hPa（或 925 hPa），有较大的偏南风时，即暖平流比较明显时，使边界层出现逆温，同时水汽增加，易形成平流雾，或者使原来的雾得到加强。

地面形势场：当日地面气压场，处于冷锋前部的低压场中，有明显的 3 h 负变压。

地面气象要素：当日地面为偏南风，相对湿度和露点温度明显增加，前日 14 时相对湿度在 40% 以上，或露点温度与预报的第二天早晨的最低温度接近。

探空曲线：有明显的等温层或逆温层。边界层比湿线接近层结曲线。风随高度顺时针旋转，有明显的暖平流。

物理量场：850 hPa、925 hPa 有明显的暖平流。

（3）弱西北气流型：当日 500 hPa，亚洲 35°～40°N 附近为西北气流控制，没有明显的锋区。此型通常为冷空气过后，风速较小，由于辐射冷却产生辐射雾。

低层形势：当日 850 hPa（或 925 hPa），为弱西北气流，风速较小，锋区较弱，冷平流较弱。

地面形势场：当日地面气压场，处于冷锋后部的高压场中。正的 3 h 变压较小。

地面气象要素：晴朗、微风，前期有降水，前日 14 时相对湿度在 40% 以上，或露点温度与预报的第二天早晨的最低气温接近。

探空曲线：850 hPa、925 hPa 各层上的风速较小。

物理量场：850 hPa、925 hPa 有弱的冷平流或平流不明显。

以 2007 年 12 月 17—28 日冀中南地区连续性大雾过程为例（图 7.3～7.5），大雾期间我国中高纬度地区冷空气活动偏弱，500 hPa 受稳定的暖性宽广高压脊控制，为弱西北气流型，为维持数日不散的大雾天气提供了有利的环流背景；850 hPa 及以下多以偏东风和偏南风为主，偏东风不仅使雾区近地层温度降低，而且还将海域水汽送至雾区；同时偏南风也为雾区源源不断地输送水汽，特别是东北风的维持有利于强浓雾的形成，这是大雾持久的主要原因；低层弱辐合、正涡度区、弱水汽辐合和 900 hPa 以上的暖脊有利于雾的稳定维持和发展；由于强冷空气的到来导致大雾消散，破坏了稳定的逆温层结（图 7.3、7.4）[15]。

7.2　霾

霾的气象定义是悬浮在大气中的大量微小尘粒、烟粒或盐粒的集合体，使空气浑浊，水平能见度降低到 10 km 以下的一种天气现象。霾一般呈乳白色，它使物体的颜色减弱，使远处光亮物体微带黄红色，而黑暗物体微带蓝色。组成霾的粒子极小，不能用肉眼分辨。当大气凝结核由于各种原因长大时也能形成霾。在这种情况下水汽进一步凝结可能使霾演变成轻雾、雾和云。霾主要由气溶胶组成，它可在一天中任何时候出现。

7.2.1　时空分布特征

从 2013—2015 年 3 年霾的观测记录统计（图 7.6）看，邢台月平均出现日数分布有夏半年少、冬半年多的特点，排在前三位的分别为 12 月（17.5 d）、1 月（17.2 d）、2 月（17.1 d），最少出现在 5 月（5.7 d）。

2013—2015 年邢台市各站平均年霾总日数分布图（图 7.7）上，霾的地理分布有南北多、西东少的特征，最多的站点为东北部平原的宁晋县，年平均 203.7 d，临西县次之为 174.7 d，最少为南宫市 28.7 d。

7.2.2　霾的预报

由于霾形成的大气环流背景与雾的基本相似，只是组成能见度下降的大气成分存在明显差异。因此，霾的预报思路与雾有很多相似之处，如稳定的天气系统配置（中上层为弱下沉运动，边界层为弱上升运动）、存在逆温层结等，也有不同之处。

（1）积累过程。绝大多数情况下，由霾组成的能见度下降是一个缓变过程，而雾的形成可以是一个突变过程。因此，当本地大气环流背景处于相对稳定状态时，由霾存在的能见度下降将逐渐加重。

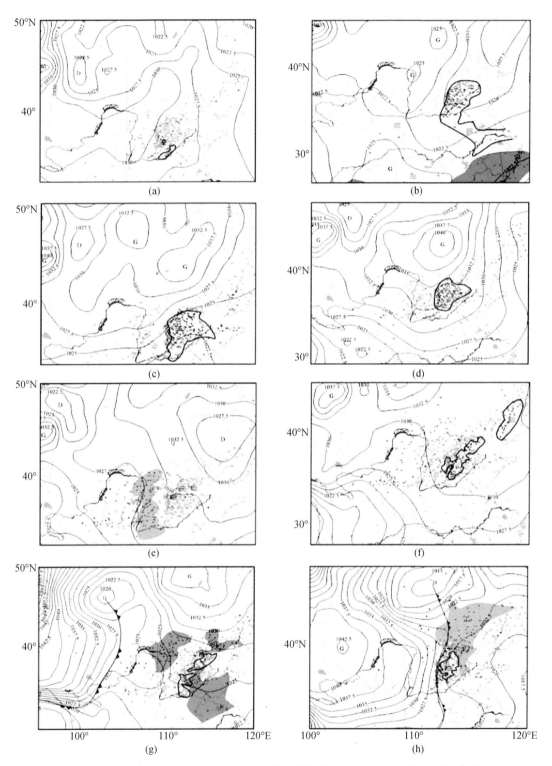

图 7.3 2007 年 12 月 17—28 日 08 时大雾过程海平面气压、地面天气和雾区分布
（阴影为降水区，闭合线为大雾区）

(a) 17 日；(b) 19 日；(c) 20 日；(d) 23 日；(e) 24 日；(f) 26 日；(g) 27 日；(h) 28 日

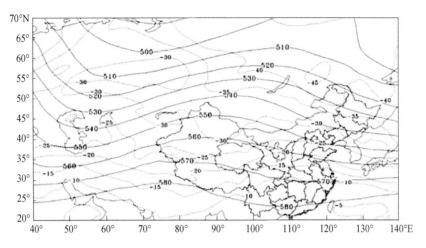

图 7.4　2007 年 12 月 17—28 日 500 hPa 平均高度场和温度场

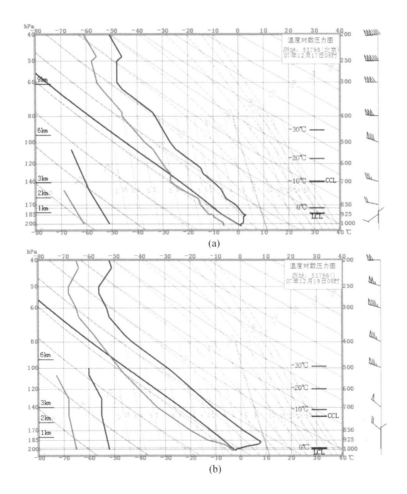

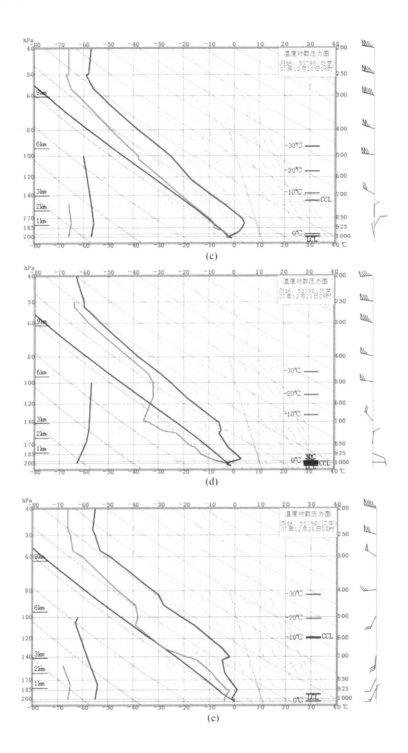

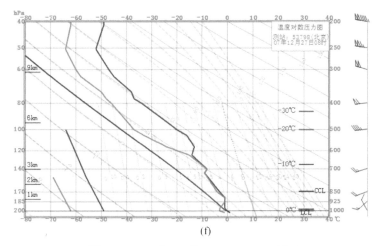

(f)

图 7.5　2007 年 12 月 17—27 日 08 时探空

(a) 17 日；(b) 19 日；(c) 20 日；(d) 23 日；(e) 26 日；(f) 27 日

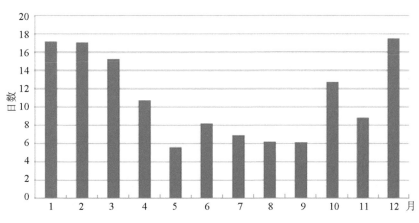

图 7.6　2013—2015 年邢台逐月平均霾日数

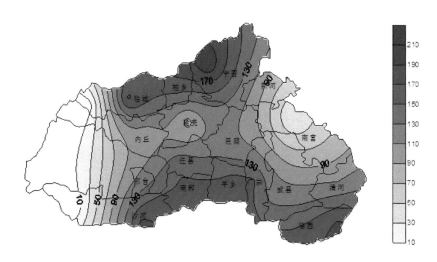

图 7.7　2013—2015 年邢台市各站平均年霾总日数分布图（单位：d）

（2）逆温层的厚度。形成霾的逆温层厚度一般更厚。这样的条件不仅可以使气溶胶颗粒在一定高度上进行混合而又不扩散到自由大气中去，同时又可以保证逆温层不会因为太阳辐射升温而消逝。

（3）经济发展水平与能源结构。与雾不用，霾与人类活动有密切关系。本站是否可能出现霾，不仅与当地及周边地区的经济发展程度有关，同时与能源结构、工业结构有关。例如，以化石燃料为主要能源结构，以化工、采矿、炼焦等为主要工业的地区，出现霾现象的频率远高于以农牧、水产、服务业为主的地区。

7.3　严重污染事件的气象条件

2013 年 1 月河北省中南部出现了长时间、大范围的雾和霾天气，同时空气污染严重。利用河北省逐日空气质量指数（AQI）资料、气象常规观测资料以及 NCEP 1°×1° 格距再分析资料，对严重污染事件的气象条件以及大气环境背景和形成机制做了详细分析。2013 年 1 月河北省中南部地面气象要素表现异常，1 月平均气温较常年偏低 1 ℃、相对湿度偏大 15％ 以上、日照时数偏少 40％ 以上、降水日数多但量级小。地面风力较小且多风向、风速的辐合线，地面散度场上河北省中南部为明显的辐合区，使水汽和污染物汇聚不易向四周扩散，雾和霾天气异常偏多，空气污染严重。稳定的大气环流形势为雾和霾天气及严重污染提供了有利的大气环境场，边界层高湿区中丰富的水汽与污染物互为载体，强的逆温层结、大气低层的干暖盖、边界层的下沉运动使水汽和污染物存留在近地层不易向高空扩散。河北省中南部特殊的地理条件也是雾和霾和污染持续的一个重要原因，低空稳定的偏西气流在越过太行山后在山麓东侧下沉，在平原地区易形成地面辐合线，加剧近地层水汽和污染物的汇聚[16]。

7.3.1　2013 年 1 月污染事件

根据河北省 11 个地、市 2013 年 1 月逐日空气质量指数（AQI）资料以及国家环境监测总站发布的空气质量状况月报（表 7.1），河北省中南部地区严重污染的日数都在 10 d 以上，其中石家庄市最多为 24 d，邢台市次之为 22 d，首要污染物为 $PM_{2.5}$ 和 PM_{10} 即直径为 2.5 和 10 μm 的颗粒物。严重污染日期主要出现在 5—19 日、22—24 日、27—30 日。中国环境监测总站对 2012 年全国首批实施新国标的城市进行了 2013 年 1 月空气质量综合指数排名。城市空气质量综合指数是描述城市环境空气质量综合状况的无量纲指数，它综合考虑了 SO_2、NO_2、PM_{10}、$PM_{2.5}$、CO、O_3 等 6 项污染物的污染情况，空气质量综合指数越大表明综合污染程度越重。1 月空气质量综合指数邢台市最高为 27.7，石家庄市次之为 26.5，在全国 74 个城市排名中河北省 7 个城市污染严重程度排名前十。

表 7.1　2013 年 1 月河北省 11 个地市空气质量各类别日数（d）和空气质量综合指数、全国排名

城市	严重污染	重度污染	中度	轻度	良	优	空气质量综合指数	全国排名
邢台市	22	6	1	2	0	0	27.7	1
石家庄市	24	3	2	1	1	0	26.5	2
保定市	19	8	3	1	0	0	23.3	3
邯郸市	17	11	0	2	0	0	21.9	4

续表

城市	严重污染	重度污染	中度	轻度	良	优	空气质量综合指数	全国排名
廊坊市	12	9	2	6	2	0	20.9	5
衡水市	12	13	4	1	1	0	19.3	6
唐山市	11	11	3	3	3	0	18.3	8
秦皇岛市	2	6	3	9	10	1	11.2	22
沧州市	6	14	7	4	0	0	11.1	23
承德市	0	2	7	7	11	4	7.9	50
张家口市	0	2	2	10	17	0	7.2	58

2013 年 1 月河北省中南部出现了大范围连续的大雾天气,没有出现大风和沙尘天气。统计全省 142 个市县大雾日数,出现大雾日数>10 d 的站点主要分布在邢台市、邯郸市、衡水市三地的大部分地区、石家庄市的部分地区和保定的东部地区,其中最多出现在邢台市柏乡县为 19 d,邢台市全区平均为 12.2 d,居全省之首,衡水市和邯郸市全区平均同居第二为 12.1 d,石家庄市和保定市全区平均都是 8.5 d。河北省中南部大范围的大雾天气过程主要出现在 8 日、10—17 日、22—24 日、27—31 日。另外,轻雾和霾也是 1 月除大雾之外的主要天气现象,河北省中南部没有出现雾和霾天气的时间不足 10 d。污染物主要为本地汇聚为主,而无明显的远距离沙尘输送。雾和霾天气与大气污染相伴出现相互作用,颗粒物对可见光的散射和吸收可以造成能见度下降,同时空气中的雾滴极易吸附溶于水的有害气体加重污染,造成大雾天气的大气环境也不利于污染物扩散。

7.3.2　地面气象条件

将 2013 年 1 月气象要素与 1981—2010 年 1 月的 30 年均值比较,2013 年 1 月河北省中南部污染严重的邢台、石家庄、保定、邯郸和衡水等市 2013 年 1 月的地面要素皆表现异常。1 月相对湿度明显偏大、降水日数多但量级小、平均气温偏低、日照时数明显偏少。

7.3.3　大气环流背景和成因

2013 年 1 月稳定的大气环流形势为雾和霾天气及严重污染提供了持续稳定的大气环境场,边界层高湿区中的丰富水汽与污染物互为载体,地面弱风场中的辐合使水汽和污染物汇聚不易向四周扩散,强的逆温层结、大气低层的干暖盖、边界层的下沉运动使水汽和污染物存留在近地层不易向高空扩散。

7.3.3.1　稳定的高空形势

采用美国国家环境预报中心的 NCEP 1°×1° 格距再分析资料,制作了 2013 年 1 月 500 hPa 平均高度场和 850 hPa 平均温度场(图 7.8)。可以看到,高空 500 hPa 东亚中纬度上空受宽广的高压脊控制,维持稳定西北偏西气流;低层 850 hPa 河北东、南部为暖温度脊,没有明显的强冷空气活动,低空温度较高。在高空稳定的环流形势下,高空云量较少,导致夜间地表辐射冷却,有利于边界层维持逆温结构,为雾和霾以及大气污染的形成和维持提供稳定的大气环境背景。

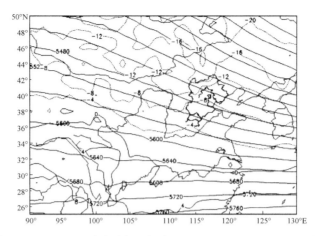

图 7.8　2013 年 1 月 500 hPa 平均高度场（粗线，gpm）和 850 hPa 平均温度场（细线，℃）

7.3.3.2　稳定的大气层结

从 1 月河北南部上空温度—时间空间剖面图（图 7.9）看，从 5 日开始边界层的温度层结出现明显转变，在 900 hPa 出现明显的暖中心与 1000 hPa 形成上暖下冷强烈逆温层结的日期分别有 6—8 日、11—16 日、22—24 日、27—31 日，也对应 4 次大雾过程同时也是严重污染出现的时间。统计在严重污染日河北省南部的邢台市单站探空资料发现，逆温为 3～16 ℃，其中最强逆温出现在 14 日，为 16 ℃，28 日次之，为 14 ℃，这两日大雾范围和强度都较大且污染严重。

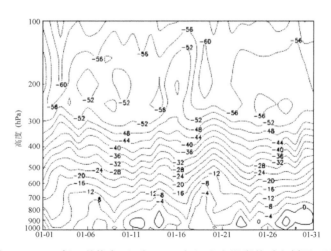

图 7.9　2013 年 1 月格点（37°N，115°E）上空温度的时空剖面（℃）

7.3.3.3　边界层的湿度大

从沿 37°N 上空相对湿度 2013 年 1 月平均分布图（图 7.10）看，115°E 以东 900 hPa 以下的相对湿度在 60% 以上，而中高层相对较干，在 45% 以下，高空云量并不多，1 月大部分时段的早晨高空晴朗少云，有利于地面的辐射降温，形成中层干暖、低层湿冷的结构，有利于大气层结的稳定，不利于低层水汽和污染物的扩散，是大雾天气形成的典型结构。

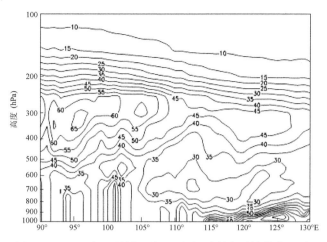

图 7.10　2013 年 1 月沿 37°N 上空相对湿度平均分布（%）

从 2013 年 1 月河北南部上空相对湿度空间剖面的时间序列图（图 7.11）来看，6 日开始边界层开始持续的高湿状态，此时的空气质量指数（AQI）也出现了明显的跃增，可见边界层大的相对湿度是污染加重的有利条件。

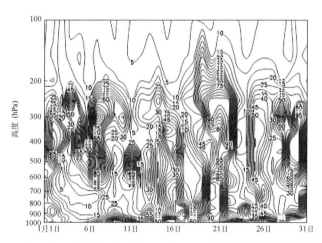

图 7.11　2013 年 1 月格点（37°N，115°E）上空相对湿度的时空剖面（%）

7.3.3.4　地面弱气压场和地面辐合

雾和霾天气过程中，大部分时间为弱气压场控制，风速小，河北南部特别是太行山东麓一侧一直有中尺度辐合线存在，辐合线西侧多西北风，辐合线的东侧多偏东风或偏南风。河北省中南部出现区域性污染最严重的日期分别为 7、11 和 12 日，这 3 d 河北省中南部都达到严重污染的程度，且邢台、石家庄、邯郸、保定和衡水五市的空气质量指数全部达到了最高值 500。从这 3 d 的河北省地面风场看到，在太行山以东的平原地区都出现了风向和风速的辐合线，使污染物在辐合线附近汇聚。

计算 1 月地面的散度平均场（图 7.12），发现辐合最强的区域位于保定市、石家庄市和邢台市的北部，以及北京市南部也就是太行山东侧和燕山南侧。偏东风在山脉的阻挡下在山前汇聚。在没有强冷空气影响时，弱气压场中由于地形作用形成的气流辐合有利于边界层水汽和污染物的汇聚，使雾和霾以及空气污染维持。

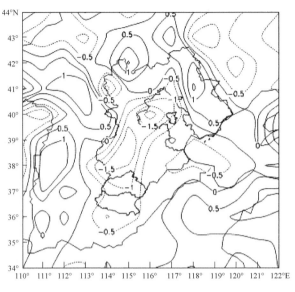

图 7.12　2013 年 1 月地面平均散度（$10^{-5}\ \mathrm{s}^{-1}$）

7.3.3.5　边界层的下沉运动

从河北省南部上空逐日的垂直速度图（图 7.13）看，1 月大部分时间 800 hPa 以下的垂直速度维持正值也就是下沉运动，其中边界层 1000～900 hPa 较强下沉运动主要出现在 11—2日、17—18日、23—25日、27—28日，在这些时间里污染也较严重。而在污染相对较轻的2—6日、9日、15日、20—21日、26日和31日，下沉运动相对较弱，特别是 20 日出现明显的上升运动，使高空较厚的湿层中的水汽抬升，在冷空气的作用下产生明显的降雪天气，从而使 20—21 日的空气质量出现明显好转。

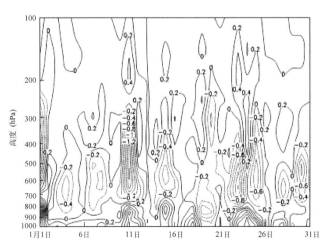

图 7.13　2013 年 1 月格点（37°N，114°E）上空垂直速度的时空剖面（Pa/s）

7.3.3.6　特殊的地形作用

　　河北中南部特殊的地理条件也是雾和霾和污染持续的一个重要原因。低空稳定的偏西气流在越过太行山后在山麓东侧下沉（图 7.14），与平原地区吹来的偏东风易形成地面辐合线，与天气系统造成的辐合系统叠加，加剧了近地层水汽和污染物的汇聚，从而使雾和霾和污染加重。

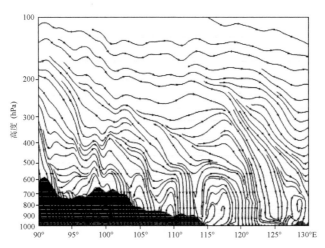

图 7.14　2013 年 1 月 22 日 08 时沿 37°N 纬向垂直环流剖面

7.4　大雾和霾预报技术流程

　　大雾和霾预报技术流程如图 7.15 所示。

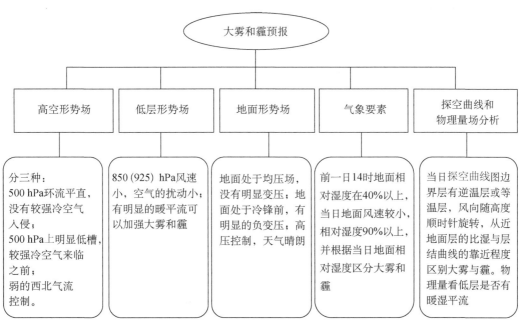

图 7.15　大雾和霾预报技术流程

第8章　温度预报

8.1　温度预报原理

某一地方的温度变化可以用热流量方程表示：

$$\frac{\partial T}{\partial t} = -V \cdot \nabla T - \omega(\gamma_d - \gamma) + \frac{\gamma_d}{\rho g}\left(\frac{\partial p}{\partial t} + V \cdot \nabla p\right) + \frac{1}{c}\frac{\mathrm{d}\overline{Q}}{\mathrm{d}t}$$

上式 $\frac{\gamma_d}{\rho g}\left(\frac{\partial p}{\partial t} + V \cdot \nabla p\right)$ 项是因变压和气压平流引起的温度局地变化很小，在实际预报中可以不必考虑，下面讨论其他三项对温度局地变化的影响。

（1）温度平流对气温局地变化的影响

在水平气流方向上气温分布不均匀时，空气水平运动将引起气温局地变化，暖平流使局地气温上升，冷平流使局地气温下降，因而气温变化的程度决定于温度平流的强弱。在热力性质比较均匀的气团内部这一项对温度局地变化的作用很小，但在锋面附近或锋生场中这一项作用却很大，常可在温度预报成败中起决定作用。冬半年，我国冷空气活动频繁，冷锋可以直达华南地区。冷锋过测站后气温骤降，24 h 内可降 $15\sim20$ ℃。在春末夏初之际，长江流域因受暖平流影响而有锋生时，短期内气温也可以显著上升。

温度平流对温度预报十分重要，实际工作中一般采用锋后测站的 24 h 变温值作为判断平流强度的依据；也可以在上游选择固定的指标站，统计出锋过指标站与锋过本站后两地气温变化的相互关系作为判断平流强度的依据。在形势变化较大时，就不能简单地套用，而必须结合天气形势预报来进行。如果预报冷锋在南下过程中将有锋生，那么相应地就应该预报冷平流强度也要加强；如有锋消，则应有相反的变化。此外，还要注意云、雨、乱流交换等天气条件差异的影响。

（2）垂直运动项 $[-\omega(\gamma_d-\gamma)]$ 对局地气温变化的影响

垂直运动对局地气温变化的影响，主要是通过垂直运动的方向、强度和大气的稳定度来实现的。当大气层结稳定即 $\gamma_d-\gamma>0$（未饱和空气）或 $\gamma_d>\gamma$（饱和空气）时，如有上升运动（$\omega<0$），当地气温就将下降；而有下沉运动（$\omega>0$）就会引起局地气温上升。例如：寒潮冷锋由偏西或西北路径越过太行山时，因为冷空气下山为下沉运动，加上锋后热力环流的下沉运动，产生焚风效应，抵消冷平流降温，使得太行山东麓局地气温变化较小。强烈的降温出现在风减小为静风晴夜。

（3）非绝热因子 $\left(\frac{1}{c}\frac{\mathrm{d}\overline{Q}}{\mathrm{d}t}\right)$ 对局地气温变化的影响

气温的非绝热变化是空气与外界热量交换的结果（主要有辐射、水汽相变而释放潜热、乱流传导等），在低层大气中表现比较明显。

对某一固定地点来说，太阳辐射和地表辐射都具有明显的日变化，因而气温也相应地有明显的日变化。运动着的气团由于受到不同下垫面的影响，并通过辐射、乱流以及蒸发凝结作用使其温度就发生变化。因此气温的非绝热变化主要表现为气温的日变化和气团的变性。

张迎新在 2009 年 6 月 20 日—7 月 4 日华北平原大范围持续性高温过程的成因分析中[17]，通过对引起局地温度变化各项的定量估算可知，平流项在升温过程中作用较小，垂直输送项比较重要，在此次升温过程中所占比例约为 30%；非绝热加热项作用较大，在此次升温过程中所占比例约为 41%。因此，在实际业务预报中，应重点考虑垂直输送项和非绝热加热项的作用。

8.2　高温

高温是一种灾害性天气，会对人们的工作、生活和身体产生不良影响，特别是持续性高温，对人体的危害很大，容易使人疲劳、烦躁和发怒，各类事故相对增多，甚至犯罪率也会上升。同时，高温时期是脑血管病、心脏病和呼吸道等疾病的多发期，死亡率相应增高，特别是老年人的死亡率升高更为明显。高温往往和少雨相伴出现，由于高温少雨，造成土壤失墒严重，极易造成干旱；干旱高温，林草失水很多，遇到明火极易点燃，引发火灾；高温天气还有利于某些耐热的作物虫害发生等。

8.2.1　时空分布特征

统计邢台市 1981—2010 年逐年日最高气温≥35 ℃的天数，邢台市近 30 年来高温总天数为 474 d（图 8.1），高温天气最多出现在邢台市新河县，最少出现在邢台市临西县。35 ℃以上的高温天气 86% 集中出现在 6、7 月，5 和 8 月两月高温天气相对较少，9 月和 4 月很少出现，10 月只有临城县出现过一次高温天气。

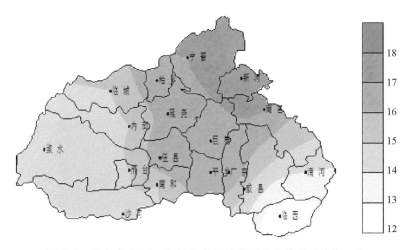

图 8.1　邢台市 1981—2010 年年平均高温日数分布（单位：d）

从邢台市 17 个县市 1972 年以来最高温度历史极值分布图（图 8.2）上可以看出：各地最

高气温极值在 42～44.4 ℃，其中 2009 年 6 月 25 日沙河市出现 44.4 ℃ 的历史极值，为邢台市各地之冠。

图 8.2　1972－2012 年邢台市各地最高温度历史极值分布（单位：℃）

8.2.2　高温预报

暖高型形势：500 hPa 或 700 hPa 为暖高或暖脊控制；850 hPa 河套为暖低（槽）；地面为入海高压后部；华北为干槽或热低压。

变性高型形势：500 hPa 为槽后脊前西北偏西气流，冷空气在 40°N 以北；850 hPa 河套—华北为暖高（脊）；地面华北为变性高压或高脊。

预报指标：前一日 14 时本站气温≥31 ℃；24 h 预报邢台晴到少云；暖高型参考 08 时 850 hPa 银川市、延安市、太原市、邢台市 T≥20 ℃；变性高型参考 08 时 850 hPa 哈密市、敦煌市、酒泉市、额济纳旗（老东庙）T≥20 ℃；预报 24 h 邢台市有偏南风≤6 m/s。邢台市 850 hPa 温度在 21 ℃ 以上则预报 35 ℃ 以上的高温天气，而当 850 hPa 温度分别在 23 ℃ 和 27 ℃ 及以上时，则预报 37 ℃ 和 40 ℃ 及以上的高温天气。特别是当邢台市有 2～3 级的偏西风时，太行山焚风的下沉增温使温度更高。

以 2009 年 6 月 25 日高温天气为例（图 8.3），高空形势属于暖高型，当天邢台市最高温度实况超过 40 ℃，且沙河市出现 44.4 ℃ 的历史极值，为邢台市各地之冠。

图 8.3　2009 年 6 月 25 日最高温度（单位：℃）

由图 8.4 看到，2009 年 6 月 25 日 500 hPa 槽后受西北气流控制，天气晴朗，有利于辐射升温。700 hPa 河南和安徽区域为反气旋型环流控制，逐渐东移北上，到午后影响河北省南部地区，反气旋型环流以下沉气流为主。850 hPa 和 925 hPa 河北省南部受暖中心控制，气温分别超过 24 ℃ 和 32 ℃，满足河北省总结的高温预报指标。地面河北省南部在热低压外围附近，从云量可以看到河北省南部晴空，有利于辐射升温。海平面气压场比较弱，风力较小，也有利于高温的维持。

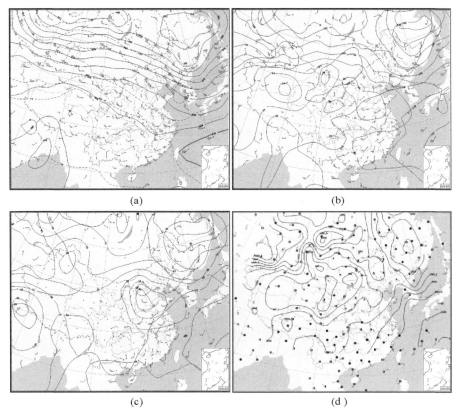

图 8.4　2009 年 6 月 25 日 08 时天气形势
(a) 500 hPa；(b) 850 hPa；(c) 925 hPa；(d) 地面

8.3　低温冰冻

低温冰冻天气是一种大规模的强冷空气活动过程。其最突出的天气特征是剧烈降温和持续性低温，有时还伴有雨、雪等。持续低温天气可使越冬作物、林木果树及牲畜在越冬期间因遇到剧烈变温（甚至在 −20 ℃ 左右）或长期持续在 0 ℃ 以下的低温使作物体内结冰，造成植株死亡。对冬小麦来说，严冬持续低温常造成冬小麦的冻害，强烈的低温可直接冻坏分蘖节，使分蘖节失去恢复生长的能力而死亡。

8.3.1　时空分布特征

邢台市低温冰冻天气主要出现在冬季和春季，以日最低温度低于 −10 ℃ 为低温冰冻标准，统计邢台市 1981—2010 年逐年日最低气温＜—10 ℃天数，邢台市年平均低温日数为 13.3 d，低温天气最多出现在内丘县、柏乡县为 21 d，最少出现在邢台市区仅 1.9 d（图 8.5）。＜—10 ℃以上的低温天气 58％集中出现在 1 月，40％出现在 2 月和 12 月，3 月和 11 月出现很少。

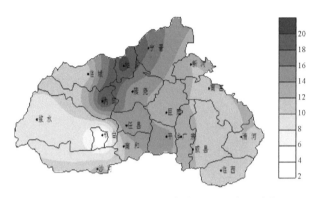

图 8.5　1981—2010 年低温日数年平均分布（单位：d）

另外，分析邢台市 17 个县市建站以来极端最低气温可以看出（图 8.6），全市各地极端最低气温都在—20 ℃以下，均出现在 20 世纪 90 年代以前，其中极端最低温度极值为—24.9 ℃，出现在邢台市北部柏乡县（1972 年 1 月 26 日）。

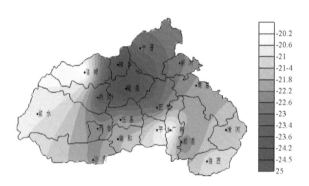

图 8.6　邢台市建站以来最低温度极值分布图（单位：℃）

8.3.2　低温预报

低温预报主要考虑强冷空气的活动，高空有强冷平流，地面冷锋过后地面冷高压控制，晴朗无风的早晨，东路冷空气引起的降温幅度大于西路和北路。低温个例中 850 hPa 温度平均≤—11 ℃（极值为 2009 年 1 月 23 日达到—23 ℃）。

2008 年 12 月 22 日邢台市全区最低温度均降到—10 ℃以下（图 8.7），其中内丘市出现—17.8 ℃的低温（24 h 变温达 10 ℃），邢台市区为—11.0 ℃，为近 10 年的第三位低温度（第一位为 2003 年 1 月 1 日的—11.6 ℃，第二位为 2013 年 1 月 3 日的—11.1 ℃）。

图 8.8 看到，2008 年 12 月 21 日 500 hPa 亚洲高纬为一槽一脊，脊前有强的偏北气流，引导极地冷空气南下。冷温槽对应中心为—48 ℃，槽前的锋区很强。随着系统发展，槽线逐渐东移南压，邢台市转为西北风，天气转晴，辐射降温明显。850 hPa 上等温线密集，5 个纬距

图 8.7　2008 年 12 月 22 日最低温度（单位：℃）

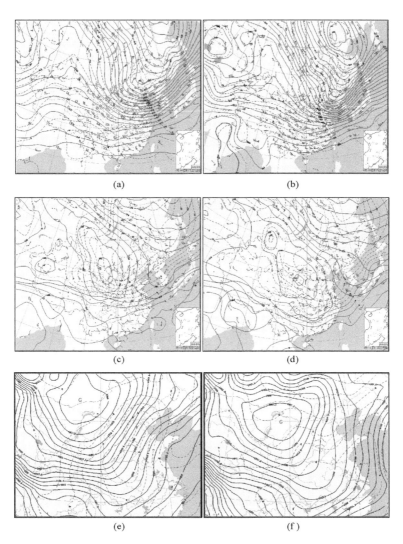

图 8.8　2008 年 12 月 21 日 08 时和 20 时 500 hPa、850 hPa、地面形势

(a) 08 时 500 hPa；(b) 20 时 500 hPa；(c) 08 时 850 hPa；(d) 20 时 850 hPa；

(e) 08 时地面；(f) 20 时地面

内温差就达到 20 ℃，且其后部的风速也达到 22 m/s，风向与等温线近乎垂直，有很强的冷平流，平流降温明显。地面邢台市处在地面高压前部，高压中心达 1057.5 hPa，其前部与寒潮地面冷锋间等压线密集。且锋后存在大的正变压中心，锋前存在负变压中心，两者的差值达 7 hPa 以上，变压风强，造成 21 日大风天气。22 日早晨风力减小，冷气团控制，晴空辐射降温明显。

8.4　温度预报技术流程

温度预报技术流程如图 8.9 所示。

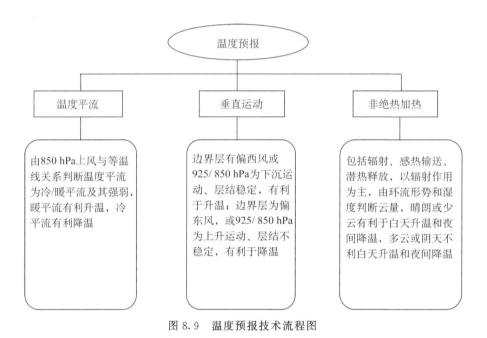

图 8.9　温度预报技术流程图

参考文献

[1] 河北省邢台市气象局. 河北省邢台市气象灾害防御规划 [R], 2012.

[2] 刘玉平, 王丛梅, 陈小雷. 太行山东麓南段致灾暴雨的地形作用 [C] //中国气象学会. 2006 年年会"中尺度天气动力学、数值模拟和预测"分会场论文集, 2009: 923-928.

[3] 本书编写组. 河北省天气预报手册 [M]. 北京: 气象出版社, 2017.

[4] 刘玉平, 王丛梅, 吴智杰. "96·8"特大暴雨的 MCC 特征分析 [C] //中国气象学会, 2006 年年会"灾害性天气系统的活动及其预报技术"分会场论文集, 2006.

[5] 于玉斌、姚秀萍. 对华北一次特大台风暴雨过程的位涡诊断分析 [J]. 高原气象, 2000, 19 (1): 111-120.

[6] 邢台市气象局. 关于"7·19"暴雨洪涝灾害评估分析的报告 [R], 2016.

[7] 陈子健, 李芷霞, 王维宸, 等. "7·19"邢台特大暴雨过程总结 [C] //河北省气象局. 2016 年河北省决策气象服务暨"7·19"暴雨天气过程技术总结交流会文集, 2016: 109-126.

[8] 王丛梅, 俞小鼎. 2013 年 7 月 1 日河北宁晋极端短时强降水成因研究 [J]. 暴雨灾害. 2015, 34 (2): 105-116.

[9] 姚学祥. 天气预报技术与方法 [M]. 北京: 气象出版社, 2011.

[10] 王丛梅, 李永占, 刘晓灵. 河北省南部回流暴雪天气结构特征 [J]. 气象与环境学报, 2015, 31 (3): 23-28.

[11] 俞小鼎, 姚秀萍, 熊廷南, 等. 多普勒天气雷达原理与业务应用 [M]. 北京: 气象出版社, 2006.

[12] 王丛梅, 李国翠, 田秀霞, 等. 河北省南部强对流天气的时空分布及对流参数统计特征 [J]. 气候变化研究快报, 2013, 2, 39-45.

[13] 王福侠, 裴宇杰, 杨晓亮, 等. "090723"强降水超级单体风暴特征及强风原因分析 [J]. 高原气象, 2011, 30 (6): 1690-1700.

[14] 孙继松, 戴建华, 何立富, 等. 强对流天气预报的基本原理和技术方法——中国强对流天气预报手册 [M]. 北京: 气象出版社, 2014.

[15] 马翠平, 吴彬贵, 李云川, 等. 冀中南连续 12 天大雾天气的形成及维持机制 [J]. 高原气象, 2012, 31 (6): 1663-1674.

[16] 王丛梅, 杨永胜, 李永占, 等. 2013 年 1 月河北省中南部严重污染的气象条件和成因分析 [J]. 环境科学研究, 2013, 26 (7): 695-702.

[17] 张迎新, 张守保. 2009 年华北平原大范围持续性高温过程的成因分析 [J]. 气象, 2010, 36 (10): 8-13.

附录

邢台市气象台短期预报规则（1992 年）

陈小雷　梁　钰　马凤珍　刘玉平　张恩重　顾培书

邢台市气象台短期预报规则共包括八项规则：一般风力加减级规则、夏季高温预报规则、夏季降水预报规则、春季降水预报规则、秋季降水预报规则、冬季降雪预报规则、寒潮预报规则、大风预报规则。

一、一般风力加减级规则

（一）加级规则

华北地形槽天气系统，850 hPa 高空风≥6 m/s，且与地面风向夹角≤90°；

高空有冷平流，地面有冷锋过境时；

700 hPa 或 500 hPa 为东亚大槽和低温控制时，高空为偏北系统，地面吹偏西—北风；

地面为入海高压后部，本站吹偏南风；

符合以上一条加一级。

（二）减级规则

天空为阴天（中低云量≥8）；

暖高压中心控制时（低压造成南风除外）；

有稳定降水形势；

处于高压中心控制时；

本区为上升区；

地面有积雪或雾时；

符合以上一条减一级。

二、夏季高温预报规则

（一）暖高型形势规则

500 hPa 或 700 hPa 为暖高或暖脊控制；

850 hPa 河套为暖低（槽）；

地面为入海高压后部，华北为干槽或热低压。

（二）变性高型形势规则

500 hPa 为槽后脊前西北偏西气流，冷空气在 40°N 以北；

850 hPa 河套—华北为暖高（脊）；

地面华北为变性高压或高脊。

（三）消空规则

14 时本站气温≤29 ℃；

日本 E02 或 E03 预报本区有降水；

日本 573 图预报邢台市 700 hPa $T-T_d$≤3 ℃；

日本 783 图预报邢台市 850 hPa $T \leqslant 15$ ℃；

预报 24 h 本区吹偏北风。

（四）预报规则

14 时本站气温 $\geqslant 31$ ℃；

24 h 预报邢台市晴到少云；

1 型参考 08 时 850 hPa 银川市、延安市、太原市、邢台市 $t \geqslant 20$ ℃；

2 型参考 08 时 850 hPa 哈密市、敦煌市、酒泉市、额济纳旗（老东庙）$t \geqslant 20$ ℃；

预报 24 h 本区有偏南风 $\leqslant 6$ m/s。

三、夏季降水预报

台风——凡有登陆台风及进入 30°N 以北、130°E 以西区域内台风均属此类。

西来槽——700 hPa 在 30°～45°N、100°～115°E 有低槽，长度在 5 个纬距以上，如有低压环流或低涡为西来涡。

暖切变——700 hPa 或 500 hPa 在 30°～40°N、105°～120°E 有西南风与东南风风向切变。

西南涡——700 hPa 或 850 hPa 在 27°～33°N、99°～110°E 形成向东北方向移动的低涡。

冷切变（冷涡）——700 hPa 在 40°～55°N、105°～125°E 有偏北风与西南风切变或冷性低压存在。

副热带高压内切变线——副热带高压控制华北，在其西侧内有东西向切变线。

（一）台风类降水分型（3 类）

1. 北上填塞类

形势规则

500 hPa 二槽二脊，75°E 和 110°～115°E 为槽，90°E 和 120°～130°E 为脊；

副热带高压在 120°～130°E 与西风带高压叠加形成阻塞型。

预报规则

500 hPa 在 35°～40°N、105°～110°E 有短波槽；

850 hPa 济南、郑州、上海站偏东风 $\geqslant 6$ m/s；

本站前日平均水汽压 $\geqslant 27$ hPa；

符合此型及预报条件，本区有小到中雨，东南部及铁路沿线有大到暴雨。

2. 西北上类

形势规则

500 hPa 在东亚为两槽一脊，在 75°E 和 140°E 有槽，120°E 有脊；

副热带高压中心在 35°N、135°～140°E 附近，588 dagpm 线西伸 115°E 附近。

预报规则

符合形势规则有小到中雨，如再符合以下两条有大到暴雨；

588 dagpm 或 312 dagpm 线过青岛市、徐州市、南京市、上海市一线；

30°～40°N、95°～110°E 有西风槽。

在符合以上条件下

台风进入 25°～34°N、113°～118°E；

850 hPa 济南市、徐州市、上海市为 $\geqslant 6$ m/s 的东南风；

850 hPa 济南市、郑州市、邢台市三站平均高度≤148 dagpm；

本站前一日平均水汽压≥27 hPa；

符合以上四条，有暴雨，如 850 hPa 济南市、徐州市、上海市或南京市有≥12 m/s 东南风，则有大暴雨。

3. 东风波类

形势规则

台风从海上北上进入 30°～35°N、120°～130°E，济南市、邢台市 850 hPa 吹偏东风。

预报规则

850 hPa 济南市、邢台市为≥8 m/s 的偏东风；

500 hPa 在 35°～40°N、105°～115°E 有短波槽或切变线；

本站前日平均水汽压≥28 hPa；

符合此型，东南部有小到中雨，铁路沿线有大到暴雨。

4. 台风类降水消空（2 种）

（1）西行类：500 hPa 中纬环流平直，河套有移动小槽，副热带高压中心位于 30°～35°N、130°～135°E，588 dagpm 线西伸到 115°E 以西，青藏高压稳定在 30°～35°N、80°～95°E 且与副热带高压在 30°～35°E 形成东西向高压坝。

（2）转向出海类：500 hPa 中高纬度为二槽二脊，经向环流明显，在 70°E 和 115°E 有低槽，95°E 和 140°E 高脊，115°E 的低槽南北较长，副热带高压中心在 30°N、135°E 附近，588 dagpm 线西伸 120°～125°E 不超过 115°E。

（二）副热带高压内切变线降水

1. 形势指标

700 hPa 312 或 308 dagpm 线在华北形成西北—东南向副热带高压；

700 hPa 在银川—兰州或西安—郑州一带有东西向切变线（沈阳—大连，济南—延安）；

588 dagpm 线呈块状或带状，在 115°E 以东，脊线在 30°N 附近，河套（25°～40°N）有短波槽东移，海上有台风北上。

2. 消空指标

500 hPa 青岛、济南、太原、延安、西安、南充站 H≥588 dagpm，且 14 时地面图郑州附近无雷阵雨；

500 hPa 青岛、济南、郑州 H≥588 dagpm，且 14 时地面图郑州附近无雷阵雨；

符合以上一条无雨。

3. 预报指标

14 时地面图在郑州附近有雷阵雨或积雨云（≤3 站）；

符合此条，有大到暴雨。

（三）6 月西来槽降水预报

1. 分型

纯西来槽——700 hPa 在 30°～45°N、100°～115°E 有低槽其长度≥5 个纬距；

北涡南槽——40°～45°N、100°～115°E 有涡，其南端有槽（包括河套有涡东移）；

2. 纯西来槽预报指标

500 hPa 有对应槽，850 hPa 在河套有槽或辐合区；

700 hPa 民勤（53681）和银川间有气旋性切变或民勤、银川同为偏北风时，太原为偏南风；

单站高空风在 1500～3000 m 有明显的反气旋环流；

700 hPa 在 35°～40°N、93°～105°E 至少有两站负变温≤－3 ℃；

08 时地面图哈密站与太原站间有冷锋；

700 hPa 在 30°～35°N、105°～115°E 有三站以上 $T-T_d$≤4 ℃；

700 hPa 郑州、太原、汉口、宜昌站至少有两站偏南风≥6 m/s。

3. 北涡南槽预报指标

槽、涡后有≤－2 ℃的负变温区；

14 时地面图在河套地区有东北—西南向冷锋；

降水前 48～72 h 本站要素出现≥25 ℃峰值和 p<996 hPa 的低谷；

700 hPa 延安、太原、汉口有≥6 m/s 的偏南风；

700 hPa 或 850 hPa 在 25°～35°N 附近无横切变；

单站高空风图上 1500～3000 m 有闭合反气旋；

700 hPa 在 30°～40°N、105°～115°E 有大于三站 $T-T_d$<4 ℃。

（四）7、8 月西来槽降水预报

1. 槽前偏南气流明显型

（1）形势指标

700 hPa 在 30°～45°N、102°～112°E 有南北或东北-西南向槽，500 hPa 有对应槽，850 hPa 河套地区有低槽或辐合区；

700 hPa 上 312 dagpm 线到达 35°～45°N、115°～125°E；

850 hPa 在 25°～35°N、105°～115°E 有≥12 m/s 的偏南风。

（2）预报指标

银川站 500 hPa T≤－6 ℃；

本站高空风剖面图 1500～3000 m 有反气旋环流；

郑州站（850～500 hPa）T≥21 ℃；

郑州站、太原站 500 hPa、700 hPa 为西南偏南风，且 500 hPa 有一站≥12 m/s；

日本 E02 或 E03 预报本区有≥25 mm 降水。

（3）暴雨消空

700 hPa 在 30°～40°N、108°～115°E 有高压或 15°N 以北有台风；

700 hPa 在 25°～31°N、115°～120°E 有横切变；

14 时银川站与锦州站气压差≥4 hPa。

2. 槽前偏南气流不明显型

（1）形势指标

700 hPa 在 30°～45°N、102°～112°E 有槽；

700 hPa 上 312 dagpm 线达 35°～45°N、105°～115°E；

850 hPa 在 25°～35°N、105°～115°E 内偏南风<12 m/s。

（2）预报指标

500 hPa（济南—兰州站）H≥3 dagpm；

700 hPa 银川站或延安站 24 h 变温≤－1 ℃；

14 时地面图在 30°～45°N、110°～115°E 有冷锋；

700 hPa 太原、郑州、延安、邢台站 $T-T_d\leqslant3$ ℃或日本预报本区 $T-T_d\leqslant3$ ℃。

（3）暴雨消空

850 hPa 上 148 dagpm 线西伸到 115°E，北达 38°N；

08 时地面（兰州—北京）$p\geqslant5$ hPa；

08 时 700 hPa 北京为西北偏西风或五台山西北风 $\geqslant12$ m/s。

（五）暖切变降水预报

1. 形势指标

700 hPa 在 30°～35°N、105°～120°E 内有东西向暖切变线，在 30°～40°N、100°～107°E 为气旋性环流加强区；

700 hPa 在 35°～40°N、108°～120°E 有高压或高压环流；

700 hPa 上贝加尔湖到蒙古为冷性低压或低槽；

700 hPa 副高中心在 24°～32°N、110°～130°E 或 316 dagpm 线与 120°E 交点 $\geqslant27$°N。

2. 降水消空规则

700 hPa 太原市 $H\geqslant312$ dagpm；

700 hPa 郑州市 24 h 变高 $\leqslant0$ dagpm；

500 hPa 南京和南昌 24 h 变高分别 $\leqslant-1$ dagpm 和 $\leqslant0$ dagpm；

700 hPa 如切变在邢台市、郑州市间，郑州市站 $T-T_d\geqslant7$ ℃；如在郑州与信阳站间，信阳 $T-T_d\geqslant5$ ℃；如在信阳与汉口站间，汉口 $T-T_d\geqslant5$ ℃；

700 hPa 或 500 hPa 切变南侧无 $\geqslant12$ m/s 急流带；

至少要符合以上两条，则无雨。

3. 预报规则

700 hPa 郑州；24 h 变高（或变温）$\geqslant1$ dagpm（℃）；

500 hPa 南京 $H\geqslant586$ dagpm、南昌 $H\geqslant588$ dagpm、济南 $H\leqslant584$ dagpm。

4. 暴雨预报规则

切变南侧在 110°～120°E 有两站以上 $\geqslant8$ m/s 的东南—西南风；

700 hPa（上海—汉口）$H\geqslant2$ dagpm 或（汉口—成都）$H\geqslant3$ dagpm；

切变南侧 $T-T_d\leqslant4$ ℃（可看汉口、南昌、郑州）；

上海或南京 500 hPa $H\geqslant587$ dagpm、850 hPa $H\geqslant148$ dagpm；

14 时地面图配合切变有倒槽雨区发展。

（六）西南涡降水预报

1. 形势规则

700 hPa 在 30°～35°N、100°～110°E 有低涡或低值环流，在涡的北部 120°E 以西有西风带低槽东移；

700 hPa 太原—银川间有反气旋环流；

500 hPa 西风带槽位于 30°～40°N、100°～110°E，长度 $\geqslant8$ 个纬距；

700 hPa 副高为东北西南向，脊线在 25°～30°N，316 dagpm 线与 125°E 交点 $\geqslant27$°N。

2. 预报规则

700 hPa 郑州、信阳、宜宾、贵阳至少有三站西南风 $\geqslant10$ m/s；

700 hPa 太原和郑州 24 h 变高分别≤−1 dagpm 和≤0 dagpm；

700 hPa（青岛—太原）$H≥2$ dagpm。

3．暴雨预报规则

500 hPa 588 dagpm 线西伸 113°E 附近呈东北—西南向（福州 $H≥588$ dagpm）；

700 hPa 涡北侧有低槽（120°E 以西）；

700 hPa（青岛-太原）$H≥3$ dagpm；

700 hPa 郑州或信阳偏南风≥12 m/s，贵阳≥14 m/s；

700 hPa 太原 24 h 变高≤−2 dagpm，或郑州≤−1 dagpm。

（七）6 月冷涡系统降水预报

1．两高型

（1）形势规则

700 hPa 在 40°～50°N、100°～120°E 有高压环流，30°～40°N、100°～120°E 为高脊或西北气流，切变在两高间呈东北—西南向，长度≥5 个纬距，西伸到 110°E 以西，位于 39°～45°N。

（2）预报规则

500 hPa 与冷切变相对位置上为一致西北气流；

切变线北侧为暖高环流，且 24 h 变高北侧大于南侧；

850 hPa 切变线南部（33°～39°N，105°～120°E）为偏南气流。

符合 1、2 条报小雨；全符合报中雨。

2．一高型 A

（1）形势规则

700 hPa 在新疆—贝尔加湖为暖脊，脊前 40°～50°N、105°～120°E 有北风或东北风与西北风的切变（东北—西南或东西向），长度≥5 个纬距，西伸 110°E 以西。

（2）预报规则

08 时地面有冷锋与高空切变相配合，伸至 110°E 以西；

33°～38°N、110°～120°E 在 500 hPa 为冷舌，850 hPa 为暖压脊且本站（850～500 hPa）$T≥20$ ℃；

符合此两条，报小雨。

3．一高型 B：

（1）形势规则

700 hPa 在新疆—贝湖为暖压脊，40°～50°N、115°～120°E 有冷涡中心向西伸一低槽到 110°E 附近，在 35°～40′N、105°～115°E 为西北气流或高压脊，30°～40°N、115°～120°E 有一竖槽。

（2）预报规则

同 A 型。

（八）7、8 月冷涡系统降水预报

1．冷涡降水消空规则

切变位于 40°～50°N、105°～120°E，如南-北向南端不超过 42°N，如有冷涡，冷涡中心位于 50°N 以北，且南-北向槽过北京、济南站；

切变位于 40°～50°N、105°～120°E，如东西向位于 45°N 以北，且在 105°～120°E、35°～

40°N 为高压脊或西北气流；

500 hPa 北京、太原、西安 $H \geqslant 592$ dagpm；

在 40°N 附近 110°E 以东有东西向切变，其北侧无锋区配合，115°E 以西伸进暖区或其南北均为正变温，且邢台市为高脊或西北气流控制。

符合以上一条无降水。

2. 低涡冷槽类

（1）形势规则

700 hPa 在 40°～48°N、105°～120°E 有低涡且有冷中心或冷舌相配，且位置偏后或重合于低涡中心，从涡中心向南或西南伸一槽，超过 36°N 以南。

（2）预报规则

850 hPa、500 hPa 有与 700 hPa 相配合的低中心或低环流；

850 hPa 本区有 $\geqslant 20$ ℃的暖中心或本站（850～500 hPa）$T \geqslant 29$ ℃；

700 hPa 太原 $T-T_d \leqslant 10$ ℃；

700 hPa 在 30°～35°N、105°～115°E 无系统性偏南气流；

符合四条，有小到中雨；符合 1、3、4 条有小雨。

3. 西来槽受阻型

（1）形势规则

在酒泉与银川间有东北-西南向槽，南端超过 36°N，长度 $\geqslant 10$ 个纬距，有冷舌相配，槽前 40°N 以北无明显高脊，33°～45°N、106°～120°E 为高压，且郑州、太原、西安、济南中有 3 站 24 h 500 hPa 变高 $\geqslant 0$ dagpm。

（2）预报规则

符合形势规则有小雨；

切变位于银川与太原间，呈东西或东北-西南向；

700 hPa 在 25°～35°N、110°～115°E 有三站以上 $\geqslant 12$ m/s 偏南风；

切变北侧有 $\geqslant 308$ dagpm 高中心，且有 $\geqslant 5$ ℃正中心；

700 hPa 郑州、太原、西安中至少有一站 $T-T_d < 4$ ℃；

符合以上四条有中到大雨，局部暴雨。

4. 北来冷切变类

（1）形势规则

在 40°～47°N、105°～120°E 有北到东北风与西北风切变，且西伸 110°E 以西；

（2）预报规则

08 时地面图有与切变相配的冷锋；

850 hPa 本区上空为 24 ℃暖中心或（850～500 hPa）$T \geqslant 23$ ℃；

太原 $T-T_d \leqslant 8$ ℃；

符合以上三条有小雨。

（九）冷涡暴雨预报

1. 分型

一型：700 hPa 在新疆地区—贝加尔湖为暖脊，脊前 40°～50°N、105°～120°E 吹偏北或东北风，风切变（北东-西南或东西）长度 $\geqslant 5$ 个纬距，西伸 110°E 以西。

二型：700 hPa 在 40°～48°N、105°～120°E 有低涡，且有冷中心或冷舌相配，位置偏后或重合于涡中心，从涡中心向南或西南伸一槽（过 36°N 以南）。

三型：700 hPa 在酒泉银川间有东北-西南向槽南端过 36°N，长度≥10 个纬距有冷舌相配，槽前 40°N 以北无明显高脊，33°～45°N、106-120°E 为高压且郑州、太原、西安、济南有 3 站以上的 24 h 变高≥0 dagpm。

2. 冷涡一型暴雨预报规则

08 时地面有冷锋与高空相配且西伸 110°E 以西；

在 33°～38°N、110°～120°E 500 hPa 为冷槽，850 hPa 为暖舌且本站（850～500 hPa）T≥28 ℃；

850 hPa 在河套为低压环流，从银川到成都一低槽，且在 30°～40°N、105°～115°E 为偏南气流；

500 hPa 在 35°～45°N、95°～115°E 为西北气流；

850 hPa 在 44°～50°N、100°～110°E 有 5 条等温线。

3. 冷涡二型暴雨预报规则

高空三层涡中心位于 45°N 以南，且近于重合；

高空三层太原、西安、郑州 $T-T_d$<4 ℃；

太原、西安、郑州三层均为偏南风，且 850 hPa 有一站≥8 m/s，700 hPa 有三站≥8 m/s；

高空槽位于银川和呼和浩特到太原。

4. 冷涡三型暴雨预报规则

20°～35°N、105°～120°E 为偏南气流；

切变北侧有锋区相配；

太原、西安、郑州三层 $T-T_d$<4 ℃；

700 hPa 25°～35°N、110°～115°E 有三站以上≥12 m/s 偏南风。

四、春季降水预报

（一）5 月降水预报

1. 北来冷切变与西来槽（涡）衔接型

（1）形势规则

700 hPa 在 33°～40°N、100°～110°E 有低槽；

700 hPa 在 37°～45°N、110°～120°E 有冷性切变并有锋区相配，或在切变后有冷中心或冷温度槽；

700 hPa 在槽前为偏南气流；

500 hPa 在 30°～40°N、90°～110°E 有大于 5 个纬距的低槽。

（2）预报规则

700 hPa 在 30°～35°N、105°～110°E 至少 3 个站 $T-T_d$<6 ℃；

700 hPa 在 30°～35°N、105°～110°E $T-T_d$<5 ℃。

（3）透雨预报规则

500 hPa 在 40°～50°N、65°～90°E 为高压脊；

700 hPa 在 25°～35°N、110°E 以东为高中心或高压脊；

500 hPa 贝加尔湖到新疆西部为低槽；

700 hPa 槽前高后为一致的偏南气流（有 2 站≥10 m/s）。

2. 西来槽型

（1）形势规则

700 hPa 在 33°～40°N、109°～112°E 有大于 5 纬距的低槽；

700 hPa 槽前为偏南气流；

500 hPa 在 25°～40°N、90°～110°E 有大于 7 纬距的低槽。

（2）预报规则

700 hPa 延安、太原 $T-T_d<13$ ℃且 30°～35°N、105°～110°E 内有 2 站以上 $T-T_d<6$ ℃。

（3）透雨形势

700 hPa 在 33°～39°N、104°～110°E 有低涡或低环流；

700 hPa 槽后有冷中心或冷温度槽；

槽前有偏南气流（至少 3 站≥8 m/s）。

（4）透雨预报规则

700 hPa 兰州或银川为≤0 ℃的冷中心或 24 h 变温≤−1 ℃；

700 hPa 或 850 hPa 在 33°～38°N、105°～115°E 有三站以上 $T-T_d≤5$ ℃。

3. 南来切变型

（1）形势规则

700 hPa 在 30°～37°N、110°～120°E 有大于 5 经距的切变；

700 hPa 南侧为大于 5 m/s 的偏南气流；

700 hPa 在 25°～36°N、100°～115°E 为气旋性环流区；

500 hPa 在 25°～40°N、95°～115°E 有＞5 纬距的槽；

08 或 14 时地面图华北中南部为明显的东高西低形势；

700 hPa 西风带小高在 35°～45°N、110°～120°E 区。

（2）预报规则

700 hPa 郑州、汉口、信阳、西安至少有 3 站 $T-T_d≤10$ ℃。

（3）加级规则

700 hPa 在 50°～60°N、100°～115°E 有低于 −12 ℃的冷中心，40°～50°N、105°～115°E 有冷槽并有锋区配置；

700 hPa 在 35°N 以南为东高西低，312 dagpm 线在 112°～120°E 内南北通过 25°N 和 35°N，或切变南侧 28°～33°N、112°～122°E 为高脊或闭合高中心；切变南侧有大于 6 m/s 的偏南风。

4. 北来切变型

（1）形势规则

700 hPa 在 37°～45°N、105°～120°E 有东西向或东北-西南向风向或风速切变；700 hPa 在切变北侧有大于 9 m/s 的偏北风；

700 hPa 在 38°～50°N、105°～120°E 的切变附近有锋区或在 45°～55°N、105°～120°E 有 ≤−16 ℃的冷中心；

500 hPa 在 37°～55°N、100°～120°E 有大于 7 个经（纬）距的切变或冷槽；

500 hPa 在 40°～55°N、100°～120°E 有≤−24 ℃的冷中心。

（2）预报规则

700 hPa 切变附近至少一站 $T-T_d≤8$ ℃。

（3）加级规则

700 hPa 切变附近至少一站 $T-T_d \leqslant 5$ ℃，且北京、太原、郑州、济南四站中有一站 $T-T_d \leqslant 5$ ℃。

（4）透雨规则

700 hPa 在 37°～45°N、114°～120°E 有冷涡，其后有冷切变或槽，或者 700 hPa 在 37°～45°N、110°～120°E 有 $\geqslant 5$ 个经距切变；

冷涡或冷切变后有 <0 ℃的冷温槽或冷中心；

500 hPa 或 700 hPa 在 37°～45°N、110°～120°E 为西北偏西风；

500 hPa 在 45°～55°N、100°～115°E 有冷低或槽。

5. 东蒙冷涡型

（1）形势规则

700 hPa 在 37°～45°N、110°～122°E 有冷涡（有槽），且其附近有 <5 ℃的冷中心或冷温槽；

涡或槽后在 500 hPa 为较大范围的偏北风（$\geqslant 12$ m/s）。

（2）预报规则

涡位于 43°～45°N、120°E 以东，且其附近有 2 站 $T-T_d \leqslant 4$ ℃；

（3）加级规则

涡位于 37°～45°N、110°～120°E 内且其附近有 2 站 $T-T_d \leqslant 4$ ℃，35°～40°N、115°～120°E 有一站 $T-T_d \leqslant 8$ ℃。

（二）3、4 月降水预报

1. 北来冷切变与西来涡（槽）衔接型

（1）形势规则

700 hPa 在 33°～40°N、95°～110°E 有槽；

700 hPa 在 38°～45°N、110°～120°E 有冷性切变且在 35°～50°N 有锋区；

700 hPa 在 25°～30°N、100°～115°E 有偏南气流；

500 hPa 在 32°～40°N、95°～120°E 有大于 5 个纬距低槽。

（2）预报规则

地面在 35°～40°N、100°～110°E 有低压冷锋。

2. 西来槽型

（1）形势规则

700 hPa 在 33°～40°N、100°～112°E 有大于 5 个纬距低槽

700 hPa 槽前 30°～35°N 均为偏南气流；

500 hPa 在 25°～40°N、95°～110°E 有 $\geqslant 7$ 个纬距的槽。

（2）预报规则

700 hPa 在 30°～35°N、105°～110°E 有两站以上 $T-T_d \leqslant 5$ ℃；

700 hPa 在 25°～37°N、108°～115°E 为偏南气流至少有四站 $\geqslant 12$ m/s；

700 hPa 在 35°～45°N、95°～115°E 或 42°～52°N、100°～110°E 有锋区；

500 hPa 在 50°～60°N、90°～115°E 有冷性低压或低压环流；

地面在 30°～45°N、100°～117°E 有低压冷锋；

日本 E02 或 E03 预报本区有大于 15 mm 降水。

3. 北来冷切变型

（1）形势规则

700 hPa 在 39°～45°N、105°～120°E 有冷切变，且在 38°～45°N、105°～120°E 有锋区；

700 hPa 在 40°～45°N、105°～120°E 有至少 5 个经纬的偏北风，且均大于 16 m/s；

700 hPa 在 20°～30°N、90°～110°E 有槽；

500 hPa 在 40°～50°N、105°～115°E 均为偏北风且大部分风速大于 16 m/s。

（2）预报规则

冷切变两侧至少一站 $T-T_d \leqslant 8$ ℃；

北京、太原、济南、郑州四站至少有三站 $T-T_d \leqslant 8$ ℃。

4. 南来切变型

（1）形势规则

700 hPa 在 30°～37°N、110°～120°E 有大于 5 个纬距的切变；

700 hPa 切变南侧 110°～120°E 5 个纬距内均为偏南气流，且至少有两站 ≥12 m/s；

700 hPa 在 25°～35°N、100°～110°E 为气旋性环流加强区；

500 hPa 在 25°～35°N、100°～110°E 至少有 5 个纬距以上槽。

（2）预报规则

郑州、汉口、信阳三站中至少有两站 $T-T_d \leqslant 4$ ℃。

（3）降水加级规则：

切变南侧 27°N 至切变在 110°～115°E 至少有三站 ≥8 m/s 偏南风；

切变南侧 27°N 至切变在 110°～115°E $T-T_d \leqslant 5$ ℃；

700 hPa 在 45°～55°N、95°～120°E 有冷槽。

地面河套地区及其南部为倒槽。

五、秋季降水预报

（一）秋季西来槽（涡）型

1. 形势规则

700 hPa 槽（涡）位于 30°～45°N、100°～115°E，有涡时涡中心向南或东伸出一槽或暖式切变线；槽呈南北向或东北西南向，长度 ≥5 纬距。

2. 消空规则

700 hPa 兰州、银川、酒泉、呼和浩特四站 24 h 变温 ≥0 ℃；

08 时地面河套及本区在高压内 33°～40°N、105°～115°E 无雨区（<2 站），与高空槽无冷锋配合；

700 hPa 太原西北风，且 $T-T_d \geqslant 16$ ℃。

符合一条即无雨。

3. 预报规则

700 hPa 郑州、太原、西安、为西南风，且有 2 站 $T-T_d \leqslant 6$ ℃或太原吹西南风且 $T-T_d \leqslant 4$ ℃；影响槽有冷锋或锋区相配；

700 hPa 兰州、银川、酒泉、呼和浩特 24 h 变温 ≤0 ℃；

符合以上任意一条有小雨。

4. 减级规则

700 hPa 郑州、西安、太原、邢台有两站 $T-T_d \geqslant 16$ ℃；

700 hPa 兰州、银川、呼和浩特、酒泉有 3 站 24 h 变温＞0 ℃；

700 hPa 银川西南风≥12 m/s；

符合几条减几级，直至无雨。

5. 加级规则

700 hPa 郑州、太原、西安三站西南风，有两站≥12 m/s 且 $T-T_d \leqslant 4$ ℃；

700 hPa 在 35°～40°N、105°～115°E 有低涡，从涡中心向南或东有一槽或暖式切变线；

700 hPa 在 35°N、105°～115°E 有暖式切变，其南侧 25°～35°N 以偏南气流为主，500 hPa 有南支槽或偏南气流配合；

700 hPa 在 40°～50°N、105°～120°E 有冷切变等温线≥4 条锋区，且东西向；

08 时或 14 时地面在河套有锋面气旋，其中心不超过 45°N；

符合几条加几级，直到大到暴雨。

（二）秋季暖切变型

1. 形势规则

700 hPa 在 30°～37°N、105°～120°E 有东南与西南风切变；

切变线呈东西向，长≥5 个纬距，东伸过 113°E。

2. 消空规则

700 hPa 河套为高压或反气旋环流且郑州、太原、西安有 2 站偏北风；

3. 预报规则

500 hPa 青藏高原至 110°E、25°～35°N，以西南气流为主，或在 25°～35°N、95°～115°E 有南支槽；

700 hPa 太原、郑州有一站偏南风且 $T-T_d \leqslant 8$ ℃；

符合两条，有小雨。

4. 加级规则

700 hPa 在 40°～50°N、105°～120°E 有冷切变，等温线≥4 条，锋区东西向；

符合此条，有小到中雨。

700 hPa 在 25°～35°N、100°～110°E 有≥12 m/s 的西南急流，且郑州、太原、西安有一站 $T-T_d \leqslant 4$ ℃；

符合此条，有中雨。

5. 减级规则

700 hPa 郑州、太原 $T-T_d \geqslant 15$ ℃或太原 $T-T_d \geqslant 19$ ℃；

700 hPa 在 35°～43°N、河套～115°E 内有 316 dagpm 高压或≥312 dagpm 反气旋环流（G 中心不超过 40°N）；

符合几条，减几级直到无雨。

（三）秋季冷切变类

1. 形势规则

700 hPa 在 37°～47°N、105°～120°E 有北风与西南风切变或东北与西北风切变；

切变为东西或东北-西南向，≥5 个纬距，西伸过 110°E。

2. 预报规则

500 hPa 太原、郑州、西安有两站为西南风；

700 hPa 郑州、西安为偏南风，有一站 $T-T_d \leqslant 4$ ℃；

700 hPa 在 40°～50°N、110°～120°E 有 ≥4 条东西向等温线；

700 hPa 在 33°～36°N、105°～115°E 有 ≥5 个经距的切变，且 25°～35°N、105°～115°E 有 5 站 >8 m/s 的偏南风，且 $T-T_d \leqslant 4$ ℃；

全符合，报中雨，符合 1、3、4 有小到中雨，符合 1、2 条有小雨。

六、冬季降雪预报

（一）冬季西来槽型

1. 形势规则

700 hPa 在 30°～40°N、90°～110°E 有低槽或低环流；

08 时地面图在河套—新疆间有冷锋或 14 时地面在 30°～40°N、100°～115°E 有雪区东移；

08 时地面邢台市西部到河套地区为倒槽。

2. 预报规则

700 hPa 在 25°～35°N、105°～115°E 有 ≥6 m/s 的偏南气流或延安、郑州、太原三站中任两站 $T-T_d \leqslant 4$ ℃；

700 hPa 在 35°～45°N、90°～105°E 有负变温；

24 h 内本区为上升区。

（二）冬季回流降雪

1. 形势规则

700 hPa 蒙古地区 40°～50°N 有东北-西南向槽；

500 hPa 与 700 hPa 有对应槽；

700 hPa 在 40°～55°N、105°～125°E 有锋区（5 个纬距 ≥3 根等温线）；

08 时地面为东高西低或北高南低（高压为东西向），河套为倒槽。

2. 预报规则

700 hPa 在 30°～40°N、105°～115°E 有 $T-T_d < 5$ ℃饱和区或日本预报邢台市为湿区；

日本 850 hPa 预报邢台市为东北风；

700 hPa 本区为上升区。

（三）冬季纬向型

1. 形势规则

700 hPa 在 30°～40°N、100°～110°E 有槽（涡），槽（涡）后有冷中心相配；

地面冷高压在蒙古地区为东西向高压带或日本 24 h 预报地面高压在渤海一带；

本区受河套倒槽南北两高间辐合区控制。

2. 预报规则

700 hPa 在 40°～50°N、80°～115°E 有东-西向锋区，强度 5 个纬 ≥2 根等温线；

700 hPa 在 30°～38°N、105°～115°E 有 ≥2 站 $T-T_d \leqslant 4$ ℃或 ≥6 m/s 的偏南风；

08 时地面，锦州 p ≥银川 p，如否，要求（乌托—济南）$p \geqslant 20$ hPa；

在 35°～48°N、95°～110°E 和 40°～50°N、115°～125°E 两区 700 hPa 有 <−3 ℃的变温。

七、寒潮预报

（一）分型

1. 横槽型

（1）特点是 500 hPa 在 46°~54°N、95°~120°E 有东西向低槽，75°~90°E 为一阻高，由于阻高崩溃，横槽南压造成降温。

（2）形势规则

500 hPa 在 90°~120°E，50°N 附近有横槽，且等高线密集温度槽落后于高度槽；

500 hPa 在 75°~90°E 有阻高；

700 hPa 东北有冷涡，低槽在东北—内蒙古或东北—华北，冷中心在 43°~55°N，105°~125°E，强度：冬季≤−32 ℃，春季≤−24 ℃；

08 时地面高压中心在 47°~54°N、90°~110°E 呈南北向，强度：冬季≥1045 hPa，春季≥1035 hPa。

2. 纬向型

（1）特点是 500 hPa 在东亚环流平直，本区为偏西—西西南气流，冷空气以小股东移影响邢台市，有时以回流形势影响。

（2）形势规则

500 hPa 在东亚环流平直，在 40°~50°N、90°~125°E 有东西向锋区；

700 hPa 河套和东北各有小槽东移，冷中心在 55°N 以北，冬季≤−40 ℃，春季≤−37 ℃；

08 时地面冷高呈东西向，强度≥1045 hPa。

3. 一脊一槽型

（1）其特点是 500 hPa 在 90°E 以东为低槽，70°~90°E 为高脊，受脊前强劲的西北风引导，冷空气南下。

（2）形势规则

500 hPa 在 110°E 附近为槽，其后冷中心≤−40 ℃；

500 hPa 在 100°E 以西为高脊，其前有较强的西北气流；

700 hPa 在东北有冷涡，低槽从东北到华北，冷中心在 43°~50°N、110°~125°E，强度≤−24 ℃；

08 时地面高压中心在 47°~54°N、90°~110°E，强度≥1040 hPa。

（二）寒潮消空规则

500 hPa 槽后东北风；

700 hPa 在 40°~50°N、95°~120°E 等温线≤4 条；

700 hPa 在 40°~50°N、95°~120°E 24 h 降温≤5 ℃；

08 时地面在 45°~55°N、90°~110°E 无高压中心或高压中心强度≤1030 hPa。

（三）寒潮预报规则

700 hPa 在 37°~47°N、95°~120°E 有东西向锋区，且等温线≥6/10 个纬距，或在 40°~45°N、95°~120°E 有≥4 条等温线；

08 时地面冷锋进入 38°~45°N、100°~120°E，其后 3 h 正变压≥2.5 hPa；

700 hPa 在 40°~50°N、95°~125°E 24 h 降温≥7 ℃的站数大于 3 站；

14 时地面图五台山为西北风（冬季≥15 m/s，春季≥11 m/s），且呼和浩特和东胜 24 h

降温≥7 ℃，或张家口、大同、五台山 24 h 降温≥10 ℃。

八、大风预报规则

（一）偏北大风

1. 脊前下滑型形势规则

08 时 500 hPa 在 40°～50°N、95°～120°E 或 700 hPa 在 40°～47°N、100°～120°E 有东北—西南向高空槽；

08 时地面冷高位于 45°～55°N、90°～105°E；

500 hPa 在乌拉尔山或西伯利亚为高脊。

2. 超极地型形势规则

08 时 500 hPa 在 50°～70°N、100°～125°E 有冷涡，在 40°～55°N、100°～120°E 有高空槽；

08 时 700 hPa 低槽位于 40°～55°N、100°～120°E；

08 时地面高中心位于 45°～55°N、80°～105°E。

3. 西来槽型形势规则

08 时 500 hPa 高空槽在 35°～50°N、80°～100°E；

08 时 700 hPa 低槽位于 35°～45°N、100°～115°E；

08 时地面冷高在 35°～50°N、80°～100°E。

4. 动力下传型形势规则

08 时 500 hPa 在西伯利亚有脊，东压大槽位于 120°E 附近；

本区高空为强劲的西北风；

08 或 14 时地面图在蒙古地区有副冷锋。

5. 阻高崩溃型形势规则

500 hPa 在乌拉尔山或西伯利亚有阻高；

500 hPa 在 45°～55°N、80°～120°E 有横槽；

700 hPa 在 45°～55°N 有槽与 500 hPa 相配；

08 时地面冷高中心在 45°～55°N、90°～105°E。

（二）偏南大风

1. 西北气流型形势规则

500 hPa 或 700 hPa 在西伯利亚为暖脊，东亚大槽在 125°～135°E；

700 hPa 在河套—长江中下游吹西北风；

08 或 14 时地面在华北南部为地形槽或小低压。

2. 入海高压型形势规则

700 hPa 在 35°～42°N、100°～110°E 有槽；

700 hPa 在 35°～40°N、112°～120°E 有小高压；

08 时地面高压位于 38°～44°N、116°～125°E。

3. 蒙古低压型形势规则

08 时 700 hPa 在蒙古中部为一低压或低槽；

700 hPa 华北—河套为暖脊本区处于暖区中；

14 时地面在内蒙古自治区—河套北部有低压。